铜仁市文艺创作扶持基金资助项目

环佩声处

Dex ngongx shob nbot

龙凤碧　著

上海大学出版社

作者简介

龙凤碧

笔名句芒云路，苗族，1982年出生于贵州省松桃苗族自治县，贵州省作家协会会员。有小说、散文散见《民族文学》、《青年文学》、《山西文学》、《草原》等报刊，入选《新时期中国少数民族文学作品选集（苗族卷）》等选本。鲁迅文学院第二期少数民族文学创作培训班学员。现居铜仁，就职于贵州傩文化博物馆。

图书在版编目(CIP)数据

环佩声处 / 龙凤碧著 . —上海：上海大学出版社，
2017.8

（贵州少数民族传统文化与服饰研究丛书）
ISBN 978 - 7 - 5671 - 2543 - 8

Ⅰ.①环… Ⅱ.①龙… Ⅲ.①散文集-中国-当代②
少数民族-民族文化-研究-贵州③少数民族-民族服饰
-服饰文化-研究-贵州　Ⅳ.①I267 ②K280.73
③ TS941.742.8

中国版本图书馆 CIP 数据核字（2017）第 182055 号

责任编辑　焦贵萍
封面设计　缪炎栩
技术编辑　金　鑫　章　斐

环佩声处
龙凤碧　著
上海大学出版社出版发行
（上海市上大路99号　邮政编码200444）
（http://www.press.shu.edu.cn　发行热线 021-66135112）
出版人　戴骏豪
*
南京展望文化发展有限公司排版
上海华业装潢印刷厂印刷　　各地新华书店经销
开本787mm×960mm　1/16　印张16.5　字数212千
2017年10月第1版　2017年10月第1次印刷
ISBN 978-7-5671-2543-8/I·420　定价：45.00元

序

似乎易碎的纯美与蕴含原真的坚定

　　苗族女作家龙凤碧，要我给她的这个集子写序，着实有些为难我。这些年，对于那种把感情与思考寓于缺乏逻辑程式和学理基础的文本之中的表达，我越来越不喜欢了，自而然，对文学时兴的潮流就不关注了，对诗歌、散文的解读法式也就很生疏了。这是为什么？我来不及反思。但是，由于我长期从事苗族历史文化研究，养成了一种动辄从"民族责任"的角度，思考和处理每一件涉及同胞尤其是家乡松桃的事情，并且总是希望以自己的微小心力给予及时的协同和加劲，正如苗歌唱说的一样，"moux chud was gux wel chud was，boub chut was ntet chud loub。gangs wud nongs hmangd sat dax jiex dot ghuat，nongs nbat dax lol jiex dot roub。"（大意是：你是屋顶上的青瓦，我是托起青瓦的檩条。我们一起合力遮风挡雨，使滂沱大雨无法渗漏。）所以，在视力严重衰退因而识读文字比较困难的情况下,对这个集子作了较为细致的阅读,并决定写一些绝非溢美的话,借此表达心中的敬意和期许。

首先要介绍"句芒云路"这个名字。这个名字,是龙凤碧请求我和我对她的请求负责,而选用四个比较浅显的汉字,拟音一个苗语词组而形成的,或者说,是一个苗语名字的音译。它在汉字语境下是否具有什么含义,我未曾思量。作为取名者,苗语的含义,我肯定是赋予的。使用者没有就此向我"讨个说法",我也就以类似于古代巫者术士常用的那句"天机不可泄露"作为缘由,理所当然地隐藏秘密,不作任何解释。同时,我还认为,无论是使用者,还是她的读者,如果有心于琢磨这个名字,在汉语层面展开想象空间,也就够了。

我得承认,赋予龙凤碧"句芒云路"这个名字,有很大的期望。当前,富有"苗族性"的苗族文学,卓越的"人"与"品",都处在极度匮乏的窘境中。当代苗族文学的旗帜,或代表苗族在文学方面之独特创造能力的作家作品,已经很难找到。这是不是文学已在走向尚未触底的低谷造成的,我不知道。我只是从苗学的视角或明或暗地看到,这种景象似乎是真实的。苗族有一句对人生谋划具备指导价值的古老谚语:"醉酒莫醉心,下雨莫卖鸡。"所以,今天仍然敢于用行动而不是心动的方式宣示,要以叙述苗族一个局域的内容,到正在快速冷却和萎缩的文学卖场去,叫卖或展出,哪怕仅仅从"社会效益"的立场出发,我也要全力支持。在这样的立意之下,我决意用"让历史告诉未来"的方式,通过名字赐予龙凤碧代表苗族精神世界之纯美、飞扬、坚定等,铸造她的气韵与灵力,激励她以祖先遗给的定力和灵魂自孕的化功,筚路蓝缕,逆风而行,开拓出苗族文学的一个新景点。

"句芒云路"这个名字,由"句芒"和"云路"组成。这两个语词,都联系着苗族的历史与文化。

"句芒"是苗语"goub hmangd"的音译,在苗族日常用语中,又称作

"bad goub hmangd"，其所指之物，就是候鸟燕子。燕子是太昊时代，即女娲、伏羲时代苗民的图腾。它就是最初的凤鸟。"凤""芒""风""朴"，同苗语的"hmangd"，以及苗族的自称"hmongd"或"hmud"，应是一个相同的古音。古书记载有"句芒"一词。这个语词的语义就是"凤鸟"。"凤鸣唧唧"。这种声音，只要燕子归来之际，我们人人都可以听见。所以，直至今天，苗族人家总以燕子到自家屋檐下筑巢垒窝为吉象。以燕子为象征物，寄意美好的同时，还暗地表述"龙凤碧"这个名字中的"姓氏"。这是想让她了解更多的龙氏苗人的历史。松桃的苗族龙氏，总体上是古代"ghob mliel"（半氏）的后裔，他们应是楚国王族的嫡裔，分十二支，至今还有至少"deb mliel"（鹏鸟氏）、"deb liub"（黄鹂鸟氏）、"deb liol"（翠鸟氏）、"nus xit"（喜鹊氏）、"jid ot"（乌鸦氏）五个支系，按照古制自称，是苗族先民"以鸟纪姓"的有力实证。

　　"云路"是苗语"yinx lul"的音译，是松桃苗族自治县的一个地名，在今天的松桃县城之内。平常，松桃人，只知道有个地名叫作"云落屯"，以及这个地方的崖壁间有2000多年前的悬棺葬，说明松桃的历史悠久，不知道这个地方的历史之具体细节和它的重量。在苗族《dut qiub dut lanl（姻亲古歌）》为典型文本的群体记忆中，云落屯悬棺葬崖壁几十千米范围内，曾经是苗族"ghob lel（田氏）"的领地；云落屯悬棺葬崖壁前面的坝子，苗语就叫作"yinb lul"，并与今天的"寨丙"一带的聚落联称为"yinx lul zhes binx"。实际上，是清朝雍正年间，田氏土司为了配合满清朝廷的开发政策，才离开这一带，到今天世昌乡的平茶苗寨去建立治理地方的衙门，并一直按照他们与朝廷的约定分享松桃县城的一半税赋，到清朝覆灭，才被国民政府终止。

　　"Yinx lul"一词的含义是什么，至今松桃几乎无人识得了。这个语词，与云落屯崖壁间的悬棺葬有关。其承载的历史信息，可能比田氏土司更早。它与今天被称作"松桃（苗语：sod dox）"、"黄板（苗语：wangx nband）"、"镇江（苗语：jib gangs）"等地名的历史信息可能紧紧相连，与苗族"四月八"节纪念的那位古代英雄亚鲁王有关，与西部方言苗族驻足、经营这个地方有关。总之，它是一个富有英雄气息的语词，是亚鲁王之"亚鲁"的松桃苗语称谓。我将它熔化和嵌入一个名字之中，赐予苗族女作家龙凤碧，一方面是期望给她凭添一种王者的坚定与执着，飞扬与锐利，无论何时何地，都能挺立自己的思想脊梁；另一方面，"yinx lul"的悬棺葬崖壁，就在她的家乡枇杷塘下游不到2千米的地方，在她的"桃城"的中央，可以并且理当成为她的"人""品"象征。

毫无疑问，由于热爱苗族，我过于热衷一种厚重与壮美的存在。我可能不应该将那么沉重的含义，通过一个名字强加给龙凤碧。但是，我做到了，在此之前，没有谁知道我的心意，一切都在我的心中。我像一位铸剑师，以最好的心境和技艺打制了一柄堪称上品的宝剑，并赠送一位柔弱的女子。至于这位女子会不会将这柄宝剑当成菜刀或镰刀使用，任缘而去。但是，以巫者的法眼，我似乎还是愿意相信自己不是所托非人。龙凤碧的叙述能力和灵性张力，虽然尚未得到一种有力的验证，仅一些零碎的或是不连贯的小作，已然显露其潜在的爆发力。

她的这个集子，"让我欢喜让我忧"。

我的"欣喜"与"心忧"，都因为通过这个集子，看到了我找不到最佳解法的悖论命题。

很显然，从松桃出发，从苗族出发，从苗族某些个体的生命、生活、生存状况出发，进行描述和思考，是这个集子的题材范围与基本架构。

在这个集子中，从生命、生活、生存出发，以爱情、亲情、友情、民族情、观世情的交互作用为界面，所传达出来的意绪与感情走向，虽然绽放出一种纯美、苦楚、迷离的独特气质，颇具感染力，但其成色凄美，似乎非常易碎，似乎暗含着佛家所宣扬的遁世、弃世的隐意。这是让我"心忧"的。

在这个集子中，从苗族历史与文化事象出发，无论是追忆、感想，还是呼唤、告知，都闪烁着激越与澎湃、锐利与高远的情愫，传达出一种原真的坚定。这是让我"欣喜"的。

说实在的，我害怕易碎，我害怕句芒云路坠入佛家的归因定式和逻辑深渊。我们苗族历经五千年的血雨腥风，为什么没有看见神或者什么人伸出援手，保佑我们平安？我们长期遭受打击、歧视和不公正待遇，为什么没有站出来给个公道，保障我们的权益？我们没有理由信奉和皈依没有对我们做过任何好事的人神！这是我秉持的简单逻辑，任何思辨都别想引诱我放弃这个简单的逻辑。所以，我担心易碎，我害怕看见句芒云路走入虚无的迷津。

同时，我也担心，如果"句芒云路"的苗语内涵被内化成了龙凤碧的心旌，成了一种原真的坚定，她对文学的理想与追求，会不会"前方的路实在太凄迷"。如果因为我的扰动，一颗本来可以耀眼当空的星星，没能以其自身的升力顺利地进入预想的轨道，总是徘徊在充满雾霾的低空，甚或尚未升空就因逆风而动触碰"音障"，惨然陨落，我将负罪不起。

所以，我一定要等到文学的星空有了句芒云路这个名字，才能以智者而不是巫者的身份，参与分享喜悦，并告知广大读者，我今天实际上心中有数的结果。

谨以为序。

麻勇斌

目 录

钗影

后记

冷佩

纵使时光啃噬

一

那是一次特殊的远行。

2010年的农历十月，我们一行二十余人，从贵州省松桃苗族自治县世昌广场出发前往广西壮族自治州南丹县，我们要到28万人海、3 916平方公里的土地上，寻找两百多年前离散的同胞亲人。

路途上，我们用苗语跟着车载DVD反复合唱：

为什么我们要使用自己的语言
为什么我们要配饰自己的装束
不为这也不为那
只因为我们的名字叫苗族
……

现代工业味极浓的编曲，配以纯苗语排比式的自问自答，虽然混搭却也没觉得太别扭。

一路上，欢笑夹杂着苦涩。

得提起清代乾隆、嘉庆年间湘黔川腊尔山区爆发的苗民大起义，因主要领导人是石柳邓，史称"石柳邓起义"或"乾嘉苗民起义"。拼凑零星的历史残片，可以略知那次起义波及13个厅县，前后抗击18万大军，击毙清军总兵、参将、都司等高中级将领220余名，三易主帅，清王朝由此中衰。中国历史上的农民起义大多以失败而告终，"石柳邓起义"凭一个民族群体对抗一个王朝，纵然浴血强撑12年，又怎能逃脱宿命之轨？

起义失败之后，腊尔山区的腥风血雨作为后人的我们无法得知，只能笃定地推测：在那次浩劫中，我们的苗族祖先有的选择留下，忍辱负重苟且偷生；有的选择逃离，再次陷入颠沛流离的迁徙噩梦。松桃苗学会有心的学者在爬脉梳络后得知，其中一只迁徙到广西南丹，但具体镇、村不知。

途中同行被誉为"歌王"的晓金歌师自编自唱道：

他们是我们折断的羽翼，从那时我们再不能飞向云霄，可现在，哪怕是掉落大海的针，我们也要将他们捞回视线之内。

那时刻，我们听着歌，也听着脚下发动机和车轮的轰鸣，我们不无怅然地望着车窗外不断移换的树木、山岚和房屋，我们都不知道，这一趟无头苍蝇似的找寻，最终会是怎样一个结局。

我们都知道，时光是头性情乖戾的怪物，在它心狠手辣、无声无形地啃噬里，一棵草、一朵花、一个人、所有人……等等由它孕生又将被它亲手扼杀的东西，属于他们的轨迹与色彩，光荣与梦想，都薄脆如蝉翼，轻贱如尘埃。

二

两天后的中午，日光满满，大厂镇关山村一位我们不知道他的名姓，他也不知道我们名姓的老人，拄着拐杖颤微微地站在门坎边迎接我们，用丝毫未改的苗语乡音说：

"你们来啦，我好喜欢，好喜欢……"

老人招呼我们进屋，招呼我们坐下、喝茶、吃水果，我们请老人也赶紧坐下，可老人坐不了一小会，很快又会颤微微地站起来，拉拉这个的手，拍拍那个的肩膀，声音哽咽着说不出半句流畅的话。

我们用苗语问老人，"吃饭"你们怎么说？老人说"农涅"；我们又问"夹菜"怎么说，老人说"搭意有"；我们问，老人家，您今年高寿？老人回说，快90了，现在村子里就数我年纪最大啦。我们还问，你们在这里苦不苦？老人说，不苦，现在大家的日子都越来越好了。

啊，声母相同、韵母相同、声调也相同！我们、他们都欢喜莫名，瞬间亲近，我们的手再次紧紧地抓在一起。

这个过程，就像是我们自己发明的DNA鉴定。我们无需把手臂交给针筒，各自抽出几毫升鲜红的血，然后走到工业仪器的冷光下，让一个关于染色体、白细胞、红细胞的基因检验报告揭开扑朔迷离的谜面，安抚心底的猜测、忐忑、惶惑。有语言，就够了，语言就是我们在茫茫人海中识别彼此的暗语。

涌进屋子里的人越来越多，男人，女人，老人，小孩，应该都是居住在关山村的亲人们。我在欢聚的人群中凝视着老人被时光刀砍斧削的脸，心中有种钝钝的痛感。想想几百年的时光压榨研磨，草木数度枯荣，这个老人如此坚韧地活着，使命是不是等待我们这些远方亲人寻到时，用丝毫未泯的母语告诉人们，那段时光里发生过的战事真实不虚？一声"爷爷"卡在我的喉咙，一个拥抱在我虚构的场景中展开，但因为羞于当众表达后来都被我生生地压了下去。不知道为什么，我就是觉得他是我的亲人，我就是想抱抱他。

我以为是那些时光利齿咬不断的惦念，像磁石一样，让我们最终得以相遇。

我同时以为，我们两百多年后的相遇，之于之前的所有苦难，就像鲜活的荷安抚了根底的腐泥，像温暖的风掰开了冰冷的乌云。

三

麻亚芬是关山村里的干部，晚宴设在他家两层平房的天楼，满满的六桌人，不像宴请，倒像扩大化的家宴。清汤鸡火锅，虎皮青椒，酸辣鱼，芹菜肉丝，腊肉干，鲜嫩的香菇被当作天然的饺皮，塞着满满的肉沫香葱……口味和我们老家那一带一般无二。

那晚的夜色极好。我至今仍清晰记得那种宾至如归的感觉：在食物的香气中，由浅渐深的暮霭将村庄搂入了臂弯，而安详的村庄将我们齐齐地拥入了它的怀中。远处，不时能听见人家的狗儿汪汪低吠，风穿过山林，发出呼啊呼啊的声音。

吃着，喝着，胃暖、身暖、心头的歌就暖暖地飘了出来。

晓金歌师最先开唱：

因了昔年往日的战争
你们背井离乡到这里
现在想来绞心痛肝肠
咽下泪水回肚打着滚
你们好酒好饭来相待
叫声亲人说不出欢喜
……

离开故土太久，关山村的亲人们已不能用母语来回应歌师的深情。没有办法的办法，他们采取用汉语的歌曲来回，我们这边唱一首苗歌，他们就合唱一首汉歌。我记得名字的有《大中国》、《朋友》、《我们是一家人》这些。而为了让他们听懂我们的苗歌，秀海歌师临时当起翻译，他的普通话夹杂有浓重的松桃苗音，怕大家听不清，特意调高了音量，放慢了语速，虽然只能说出个歌词的大意，但总比完全不知所云好些。

关山村的亲人们最后唱的是《把根留住》。已经有些年纪的歌，20世纪八十年代好像风靡过一阵，之后极少听人唱起。当他们参差翻唱："多少岁月，凝聚成这一刻，期待着旧梦重圆。一年过了一年，啊一生只为这一天，让血脉再相连，擦干心中的血和泪痕，留住我们的根……"一字一句，竟似是为此时此刻的我们和他们专门而作，听着听着便不由掉下眼泪。

散开目光看去，很多人都和我一样，眼圈红红的。

四

合唱。合影。拥抱。离开。

因为想到这种相聚太过美好和珍贵，有可能是各自有生之年仅有的一次，更因为想要留作他念告诉后代，所以我们一次次地聚集到镜头前，按下快门。翻看当时的照片，有一组特别有意思：我们一行有四个穿苗族盛装的女子，负责摄像的正乔大哥就叫她们分左右各站两个，中间留出个空位让关山村的亲人站。来一个，卡嚓卡嚓，得两张；下一个，卡嚓卡嚓，又得两张。

感谢和佩服相机的存在，这种以光线绘图的工业品，虽不能阻挡时光，却可以截影成像，让不能两次踏进同一条河流的我们在任何时间想看就能再看到。

天黑了下来，不得不告别。有握手，有拥抱，有拍肩，有耳语，我们全然不似相处不到半天的陌生人。我走到一个应该唤为大姐的妇女面前（我们有过短暂交谈，但彼此没问名字），张开两臂把她拥着，轻轻地挨了一下她的脸，闻到她有烟火味的发香。紧接着，逃一般钻进车厢。

车轮在蛇形的盘山公路上颠簸，不时有芭茅草挨到车玻璃上来，表情紧张，好像在挽留我们别走，又好像告诉我们有什么东西落在村子里了，赶紧折回去拿。那些线条柔软的小脸就那么摇晃一下，很快消失在尘埃里。车内出奇的安静。

我在黑暗中一次次回望车身后那个蜷缩在山窝里越来越细小的寨子，在这个零零散散居住有千余人的寨子中，有四百多人是我们的苗族同胞，其他的为壮族、布依族等。想象在那段逃难的时光，我们的祖先定然不分昼夜地疲于奔命，只想着越远越安全。当他们跋涉到这里并确定安扎下来，定然伤痕累累，再无力移动半步。不然，他们绝对不会任异乡的山川将他们近乎幽闭地拘禁着，一代又一代。

那位站在门坎边迎接我们，又站在门坎边目送我们的老人告诉我们说，他的儿子、女儿、孙子都已不会讲苗话，也听不懂。等他们这辈人过世后，寨子里恐怕再没人会讲苗话了。

在与老人的摆谈里，我们还得知，老人经常告诉子女，就像多年前父亲告诉他的那样：祖先是因为以前打仗从一个叫做松桃的地方过来的，还有很多亲人在那边。

而我不知道，数年后的我们还能不能再来这里探亲，数十年后我们的后代还知不知道这里有同胞亲人。数百年后？不堪再想了。

黑暗中，我听见有种声音在说，不要忘记历史，不要忘记你的母语，不要忘记你是谁，你从哪里来，你应该到哪里去。

但与此同时，另一种强大的声音也在说着：忘了吧，记那些糟心的事干吗，太阳底下谁会想到月亮，谁会铭记和关心你及你民族的波澜壮阔？

五

在南丹的那几天里，我才真正意识到：枫树是我们苗族人除母语之外，同样可以用于印鉴和接头的身份密码。

我打小生活的城郊的苗寨子，大家虽然还说着苗话，但从来没有人指着枫树告诉我说，孩子你看，这就是"怒鸣"，我们苗族人的母亲树！更没有人告诉我，蚩尤子孙，五千年苦战，十万里迁徙，足迹遍及世界，我们的祖先但凡定居某地，都要栽上枫树，树活人住，树死则迁。

最先知道枫树故事，是在欧秀昌老师的散文作品《故乡四记》之"枫记"里。数千字的细述，一如既往地，以深情的目光、沉雄的笔触写下他们寨子那棵大枫树：

> "仿佛它是一面旗帜，一种象征，一种图腾……说来也怪，自从大枫树死后，村里便接二连三地出些怪事。母子争吵，双双服药自杀者有之，无缘无故得神经病者有之，家与家、村与村械斗者也有之。三百多人的村子，据统计自杀者五人，犯神经病十人，偷、摸、扒、抢也时有出现，好端端的一个村子被弄得七零八落。据老人们回忆，这是村上自古以来没有的事……"

后来听到和看到关于枫树的叙说越来越多，我都深信不疑。我甚至形成一种怪癖：每进一苗寨，都会到处搜寻枫树，并且非得在寻找到的那一刻，才能在心目中认这门亲戚。只是让我不解的是：一个人、一个村庄的生死存亡怎么会和一棵树有关？

离开关山村后，我们寻访到了龙更村。我注意到，村子对面山上的枫树活得极好，枝繁叶茂，有温暖的青色。我们问那里的亲人，逢年过节，大人小孩重病，或遇到什么不吉利的事，是否也去树下供奉？老人说是的，他们还在树下立了个小小的土地庙。

让他们无比骄傲地是村里出了个龙关前，现他们住的新房子、孩子就学的新校园全是他一个人出资修建。回来在百度中键入搜索，得知《河池日报》曾整版报道其事迹，是广西南丹县民营企业家翘楚。他致富不忘乡亲，捐资200多万元投入乡村公益事业，俨然就是对面山上的枫树，展枝成荫，风雨与共。

事实上，那次寻访得以成功，龙关前是关键词。初到南丹县城时，我们并不知晓茫茫人海中亲人藏身何处，龙关前的出现犹如先祖在天有感，特降救星。在县政府的迎宾宴席上，他恰巧被邀参加，得知来意后便热心地把我们带到他的村庄，一路上的行程食宿都安排得十分妥贴。

这个让我们无不惊喜的大礼，写到枫树的现在才突然体悟：一切正如枫树与苗族人一般，冥冥之中自有某种牵联。

这种牵联，即使时光的利爪切玉断金，也都无可奈何。

六

给关山村的龙建邦老师寄书是为那次寻找划上的句号。交谈中，建邦老师提及俞潦先生编著的《松桃苗族》一书，说序言中的一句话让他泪流满面。知道我在文化部门工作后，便叫我回去后给他找些类似的书寄过来。寨子太偏僻，他又已退休，便把女儿任教的南丹中学作为邮寄地址抄给我，一笔一划，写完又逐字细看一遍。

遵照嘱咐，我回到松桃后即把能找到的《战争与苗族》、《认识自己》、《可爱的松桃》、《静静的松桃河》、《刀刃上的舞蹈》、《松桃苗族情歌选》等文史或文学书籍装得满满一纸箱，有四五十斤，花了一百多块钱邮资才成功托付给邮局。空手回家的我没有如释重负，因为突然意识到这些关于苗族关于松桃的文字建邦老师要看不得，我却从未正眼瞅一下。

大半个月后,我收到来自南丹的短信,内容是:书已收到,替我爸爸谢谢你!

我回复:不用谢,祝你们一切好。有时间一定要来松桃,我们等你们。

后来,时常想起,但再没联系。

让建邦老师泪流满面的那句话是这样子的:

"……他们远居广西南丹、河池一带,至今还说苗话,习苗俗,讲苗礼,非常想念自己的故园……"

七

文字将告终结,临了突然想起多年前写的"影像桃城"系列配图散文,有张图片取云落屯悬棺葬为景,可以清晰看见一面高大的酱色崖壁耸立在松江河岸,有一些长方形壁龛和许多小方孔。写时查资料得知,20世纪七十年代末和八十年代初,文化部门清理壁龛两个,得到船棺、风箱棺各一具,棺内残存人头骨、下肢骨及釉陶碗,经鉴定是一处西晋时期苗族的古老葬俗——"二次葬"遗存。

那幅图片是松桃本土摄影家滕树勇拍摄的,和他前期的一些作品一样倾向于松桃苗族民间生活看似平常的人事、物景,丰赡的诗意深浓地浸润画面,苍凉与静寂可触可及。阳光照在崖壁上,像时光在无比爱怜地抚摩。

当时,我在对这张照片进行一番天马行空的遐想后,匆匆忙忙写下《逝者有音》这个关于时光的标题,然后乱造出一堆臆想文字。直到最近才羞惭地了解到:人死入土为安,苗族祖先选择葬尸悬崖壁洞,竟是狐死首丘,等望后辈有朝一日将自己葬回东方故土。

他们,他们就这样任时光啃噬,等了百年又千年,可等着等着后人们根本忘了这回事，也忘了他们是谁。如同现在已经安然生活在广西南丹的我们的同脉亲人，已无法获息他们祖先迁徙之初的祈愿，而他们的祈愿也已与他们无关——但即使这样，他们还是在等，等后辈之人寻捞到自己并安放他们流落异乡的魂魄。

在时光这头庞大怪物面前，我清晰看到人类以蝼蚁之躯所作的不畏不屈的对抗，是这样弥久，这样壮怀激烈。这些人，有我们苗族的祖先。

我第一次被一种静默的但强大无比的声音告知：纵然时光是永恒的霸王，人也并非绝对的卑弱者。它若残忍地剔去我们的血肉，我们可以倔强地说：看，我们还有骨！它若轻蔑地将我们的骨头揉碾成齑粉，散洒在空中开成一朵一朵的尘埃，我们仍可以仰天大笑：看，我们的魂还在！

这样想着，我的眼里流下骄傲的泪水。

心田之上荒草丛生

那段时间陆续在解字。

原本是想找到一种逃脱琐碎生活的路径，保持与文字的亲情、友情和爱情，拥抱着凝视着才知道，每一个字都是一座茂密幽深的森林，它们在地上各自以树的形式独立生长，可能老死不往来，根须却在黑暗地底相互缠绕、肌肤相亲。每个字都有专属自己的可供认知的秘密捷径，人类祖先创生它们并用以藏纳秘密，后人只要获取解字密码，便能洞悉天机。

于某天，我与"苗"字狭路相逢。

我审视着它，它也审视着我。我像以前那样把目光聚焦，锻成一把无形的手术刀，思考着从它身上哪个器官下手；它扫描着我作为人的属性，与它的过往感情，是否具备足够的与它对话的灵力。

它最终接受了我的手术。想来不是因为我技艺精湛，而是顾念我苗族后裔的身份——会操持苗语的后裔。它乖乖地躺在我建设于心房的手术室，任我凌迟、读取。我是颤抖的，剥开它的外衣，剖开它的身体，我看到它的每一根毫发都洇浸着厚厚的悲情色彩，却刻意隐去了记载苦难的伤疤，温静而无语。

"田"上的"草"被拦腰而刈，像身首异处的人在悲泣。我链接到造字者苍老的情绪，他或他们的心事现在看来已是公开的秘密，怀揣着残忍的慈悲：你这苗啊，是植物也好，是人物也罢，纵然有野火烧不尽春风吹又生的倔犟本事，双足踩不到"田"土又怎么可以？！

这样的字，是提醒规避还是固化宿命？我们世代以苗为族的先祖们，他们的生死荣衰轨迹，莫非早在千万年前就被咒语封锁在甲骨里？史书可鉴，确实如此，为了立足之"田"，为了果腹之"田"，为了能死死抓住脚下之"田"，苗族人总是飞蛾扑火般前仆后继，不惜以命去取。

画字为牢。一字成谶。突然降临心室的变异成语狠狠地刺痛了我，我捂住嘴，尖叫。

苗族人为啥叫苗族人，这点我一直没法弄清。桃城苗族人自称"果雄"，用1956年国务院派遣专家组创制的苗文书写，为"ghaob xongb"。

现在看来，似乎所有诞生于甲骨的汉文字中，只有"苗"这个字形才能应证"果雄"这个音，同时配得起这个犹太式的民族，象征着从过去到现在，苗族世世代代就像幼苗一样，有着极脆弱也极强大的生命力，有着多种可能性的未来。

余秋雨先生在《爬脉梳络望远古》里写：

> 他们不能书之典册，藏之名山，只能一环不缺地确认，一丝不断地承担，才能维持到今天。不管在草泽荒路，还是在血泊沙场，他们都会在紧要时刻念一句："我们是蚩尤的后代！"

一语道尽苗族人的固执。正如地表上的幼苗，永远不会嫌弃、不会遗忘它那埋在黑暗地下的根。

苗：火苗，苗头。在我们苗族人的身上，或明或暗地总潜伏着一股令人生畏的力量。像一团奔突的地火，无法预知会在什么时候、以什么样的颜色和形状燎原。或许正因为对这种不确定性的深深恐惧，历朝历代的统治阶级都要对一代代苗族人予以镇压才能心安。于是，一代代苗族人战了败，败了迁，迁徙多年后又再度轮回战、败、迁。一年复一年，一代承一代，宁死也要做顶天立地的苗族人。

苗：万物之初，极嫩之芽。都说初生牛犊不怕虎，所见所闻的苗族的确也是。好比一个家庭主妇，希望每个孩子都乖顺听话，颐指气使时也不能有半点反抗，可苗族人偏是个有叛逆之骨的孩子，这个孩子其实也深深地爱着他的阿妈，但他太刚烈了，当他认为阿妈不对时会顶嘴，当他阿妈暴虐时会奋起抗争。两种观念相背而驰，冲撞摩擦的恶性循环自然产生，一代代族人饱尝欺辱战乱之苦，道理可能极其简单。但如果所有苗族人都悟出这个道理，学会中庸、学会圆滑、学会妥协，苗族的苗字，还有没有存在的意义？

2014年，我在民族部门负责一项与族别密切相关的工作：民族成份变更审核。具体任务就是审核各区县报来的民族成份变更申请材料，然后签名、盖章、报省审批。每个月都有数百份。为了大同小异的目的，各地的父母们即使从村到乡到县到市，找几多人盖几多章跑几多路，也要把孩子的族别依随父亲或母亲变更为少数民族，由汉族改为苗族是其中一部分。而我，最严重的时候得一整天都俯在办公桌上，在民族成份变更申请表上，审核签名，审核签名，在指定的位置留下指定的痕迹。时间在那时候3D般立体清晰，我眼睁睁地看着它一脚一脚地从我身上踏过去。等这些一再审核的材料得到省里审批，一些名字符号后面的年轻生命便将带着他们变更过来的苗、侗、土家、仡佬等少数民族族别，走向他们以后的人生。

"真的没有一点点希望了吗？"有天，坐在我办公桌对面的女人问。表情像被医生宣布癌症晚期的病人。

"还有一种可能，"我抬头看她的眼睛，表情是医生看患者时一视同仁的冷漠和淡定。在前几分钟,我得知她的女儿马上就要参加高考,正满怀希望地等着妈妈带好消息回去。班上的好多同学都把户口档案报到老师那里去了,少数民族考生参加高考可以加20分,她临了才知道。她说她父亲是汉族,母亲是苗族,她的兄弟姐妹在民族集体识别时都依随母亲改为苗族,唯独她当时进城迁户口时错录成了汉族。

我说,像你的情况只有说如果,如果万一你和爱人离婚了,你后头的老公是少数民族,或者你前老公的后老婆是少数民族,你的女儿可以跟随继父或继母变更族别。

作为工作人员必须履行首问责任制、一次性告知制,我在执行的同时,不得不领认一份怂恿破坏他人家庭的嫌疑,而后再不忍心告诉她另外一种更残忍的可能:那就是,如果有天他们都死了,他们的孩子可以随同他的养父母变更族别,前提是:不超过18周岁。

听同事们讲过这样一件事情:一个孩子在高考前把族别依随母亲改成苗族,考取后却又再次提交申请,要求把族别依随父亲改成汉族。过程就不细说了,这样的人不多。作为民族部门承办工作人员的我们,无力引导每个办理民族成份变更的人都去深切体悟族别归属的深层意义。我们更不可能质问认真填报表格的父母或孩子们:你会不会说本民族的语言?你们喜不喜欢本民族的文化?遵不遵守本民族的禁忌?会不会善待身份证和户口本上的族别?当有一天这个民族又要遭受劫难了,你们会不会坚持后期变更的族别?

曾看到很多因特殊原因无法填写完整的申请表,有的是因为申请人的父亲或母亲逝世无法签名,佐证材料里派出所出具的死亡注销证明,总让我脊梁骨发冷。遗留世上的身份证,姓氏干瘪地站立在他的族别旁边,散发着森冷的气息;也有的是因为孩子父亲或母亲失联,那些为人父母的男人女人因打工认识,你天南我地北,后又各自作鸟兽散。面对这些残缺的资料,犹如窥见孩子残缺的现在和未来,莫名其妙地头痛心痛。父母离婚的情况则不无嘲讽：一个男人和一个女人当初海誓山盟，立志白头到老，最终海市蜃楼一地鸡毛，孩子是他们爱过的后遗症、副作用，落地生根就不能再收回。还好，孩子的前途命运都还能心往一处想，字在一张表上签。为了证明他们曾经的夫妻关系和永远的父母身份，有的提供离婚判决书，有的提供离婚证复印件。离婚证和结婚证看起来只有一字之别，不注意细看真不会发觉。

高考前个把月，一个高三的女孩在我办公室里快哭了，她的长相和她嘴里说出来的话一样普通，成绩应该也只是普通，我不知道国家那么好的少数民族考生加分照顾政策能不能帮到大忙。解释了好半天，才破涕为笑离去。接着又接了个电话，县里边的，同样也是个即将报名参加高考的女学生。

她说，可以叫你姐姐吗？我现在派出所，麻烦你帮帮我。

她说她的爸爸妈妈是土家族，她是苗族。土家族的一对夫妇为何生出一个苗族的女儿，恐怕只能解释为一个拙劣的玩笑了。派出所的人告诉她，不能改，没有民族部门审下来的民族成份变更审批表，就是不能改。

我不得不再次揽下了这趟活。2014这一年，我揽了不少这样的活，少部分顺利完工，大多数不了了之。我再次和派出所的人员交涉，把有关文件的大名搬出，一本正经地把相关内容念出来。可人家还是不理我，撂下一句："那我就不知道了，负责的人请假了，我是代班的。"然后挂断电话，把我也撂开了。

话筒里嘟嘟嘟的盲音在我耳边轰响，我攥着电话线好半天缓不过神来。好吧，理解万岁，基层派出所从来不是清闲单位，曾有个也是在乡镇派出所工作的朋友说，他们公安系统每年有N多人死于过度疲劳。我说，这位同学，别着急，我告诉你两种方式吧，你同时进行……

中午，不知是被挂电话的忿气还在心脏边纠缠，还是终于到了忍无可忍的程度，我突然想起，干吗不直接到网上投诉？

"省公安厅的同志你好,我是……"

敲打出"同志"这两个字的瞬间,我有穿越回红色革命激情年代的感觉。我第一次为民请愿,第一次成为义愤填膺的信访者,竟是为了让一个完全陌生、毫不相干的人从苗族变更回土家族。

那天是西方人过的感恩节。我知道的时候,已经是睡前习惯性打开微信的夜深了。我没有再接到那个陌生女孩的电话,一条短信也没有。其实我特别想听到,她能用纯正的桃城苗族母语对我说出"谢谢"两个字。这两个字,在苗语里发音"吉靠"。

"我不行了,娃娃变更族别的事就只有麻烦爸爸了。"儿子交代完他在这个世上未竟的任务,胸腔里透支出来的最后一次呼吸在城市冬至日断链,下一秒即被医院外汹涌的车声淹没。老人说不出一句话,眼泪在眼眶里结冰。

在去给孙子办理民族成份变更的路上,儿子被一辆摩托车以飞机般的速度撞飞在斑马线外,七堵八堵送到医院,失血过多,抢救无效死亡。"

别误会,突兀插入的这个情节纯属虚构,如有雷同纯属巧合。这是我给一篇有关变更族别的小说写下的开头,其中在老人为孙子变更族别过程中设置了无数障碍,最终,最终……因为一直没有想好如何处理好人物命运的"最终",这篇小说到现在还没完成。我想在小说里叙说的是:有的人已经死了,他的基因还在,他存在过的一些证据也还在,不管内心是否真正了解、认可他所属的民族,不管目的是否功利,但这个族别只要存在,就都有它不可尽知的价值和意义。

我想让更多的人来关注和诠释"苗",这个笔画为8画、偏旁为草头的字。

臆想中的解剖手术不知道什么时候结束的，我挣扎着走出自我建造的手术室，呆呆地目送"苗"字孑孑远走，在转角处猛地瞥见，它的心田之上已然荒草丛生。在我身后，没有耀眼的手术灯，没有满室的血污；在我眼前，窗外正降着2015年的第一场雪，烂棉似的世俗雪花让我怎么也无法将它们和童话的纯美景象联系在一起。在雪花的葬身之处，我只能一厢情愿去相信，当春天来临，总有嫩苗在废墟升起。

屋后传来的歌声

隔着一道土墙,一篷篱笆,一棵柚子树,一株栀子花。

我们是自然寨中天然而成的邻居。

如果是月光很好的夜晚,如果是柚子花开的时候,我会坐在院坝的柚子树下,细数屋后传来的歌声。柚子树下的歌声像竹蔑条扎就的篱笆,相互交错,虚实相连,形影绰约。柚子花在星光下窈窕起舞,月光温柔地拥着柚子花。彼时的歌声,总让我油然生起一种特别的感动。那些专属于苗歌的婉约的调子,如水入心,亲切、温暖而踏实,词中满满的青草香、泥土味。

邻家的两个男孩,一个大我五岁半;另一个和我同年。在我成为人妻的现在,他们自然也是青年或说小伙子,长相都如他们父亲的年轻版本,连肤色的黑也极相似。现代的物质没给他们多少润泽,或说他们也得不到多少润泽,他们只是面朝黄土的体力劳动者,所以他们能换取到的物质常常捉襟见肘。

在我刚记事时,寨子里发生了一个大事件:兔子吃上窝边草,几个脑筋活络的人合谋把自己寨上的人拐卖了。当然,这件事最初是极具美味的，在饥肠辘辘的人们面前散发着诱人的芳香：几张能把麻雀哄下树的嘴将一个遥不可及的地方粉饰成美味天堂。大家都盲目的近于无知地蠢蠢欲动。不少妇人像鸟儿一样被引领出去，她们以为她们的飞翔能抵达天堂，殊不知——大多本已是妻子的她们又做了别人的妻子，本已有孩子的她们又做了几个孩子的母亲。

让我奇怪的是，这一贩人事件的始作俑者，现还大摇大摆地生活在寨子里。那些受了伤害的乡亲们，在他们的人生字典里似乎没有"报复"一词，这让我很是不解。

邻家男孩的阿妈，在那场事件中也是一只扑腾飞出竹笼子的麻雀。

沉默无为的父亲无法很好地养育他们。在父亲的大半生里，所行走的土地没有超过县域。他的几亩承包地温柔地收容他的汗水或许也还有泪水，他的力气和心血也只能浇开一季季丰硕的粮食。于是，在我如花儿一般在阳光下成长的时候，他们却如野草般恣意生长，成了粗而野的人——至少在我的印象中，是这样的。

于是，从他们家传来的好听的歌曲让我很感惊奇，犹如看到彪形大汉抚琴、粗鄙之人满嘴之乎者也一般意外和别扭。我以为他们与音乐是多么的门不当户不对，他们那样的人需要的应该只是酒足饭饱。

然而，他们让我的惊讶和不解一直保持到现在。屋后的歌声，在他们在家的时候，总会滴水不漏地浇灌到我的家里。

我喜欢他们的阿姐再花。

再花17岁时就出嫁了。寨子的女孩们常常很小就为人妻母，操持家务，抚弄炊烟。当时年幼的我已完全忘记从屋后传来的第一首歌是什么，但我一直关心再花应允我小叔叔的一件小事。那个冬天至今依旧清晰，我们很多人围坐在一起烤火，摆龙门阵，硕大的枯树桩燃起的大火耀眼而明亮，火星和青烟在我们面前头上柔曼升腾，仿佛一对携手飞天的恋人。再花当时在专心编织一条围巾，线是那时刚刚兴起的变色毛线，织出来的花色有一种神秘感,转折和变故都让人无从预想。再花的手工在寨上很出名,我们都羡慕得不行,求她教我们。我族里的一个小叔叔也求她,不过是求她给织一条。再花点头答应了,我注意到那时他们的脸都红扑扑的,我以为是明亮的烟火色。小叔叔特别高兴,不放心地一再追问。烤着火的日子像枯树桩在火光与风声中渐渐成灰烬,当我追忆它时,迎面而来的只有苍凉的风声。

再花嫁的人不是我的小叔叔。我不知道中间发生了什么事,只惶然感觉到人也是那一根细细长长的变色毛线,被一双看不见的手织着,一针上,一针下。

再花当阿妈后几年,小叔叔也结婚了,婶婶小他10多岁。现今已很少见人围自家织的围巾,精品店里机织的各色围巾款式多,又好看,但不知怎么,我心里一直挂念和想象那条与我从未谋面的围巾,很想知道它是什么样子,再花有没有织,最后送给了谁,现在还在不在。

屋后的歌声就是再花嫁的那天开始响起来的,然后每天都至少会响起一次。除非停电。听阿妈说那台录音机是从再花不多的聘金中拿出一部分买的。有两个卡座,能同时放两个磁带进去,把其中一黑一红两个键同时按下,就可以反复使用它的录音功能。

邻家的男孩喜欢听流行歌曲,父亲却对苗歌情有独钟。屋后传来的歌声让人欢喜让人烦忧,不是因为歌的内容,而是他们有时会在夜深时放,有时则在清晨,教人睡不安稳。他们是那么地喜爱听歌,多少年了,他们灰蒙蒙的木房子没变多少,放歌的机器却是与时俱进,从录音机,到VCD,再到现在的DVD、EVD。歌的内容也不断翻新:革命战歌、酒廊舞曲、网络主打……多少日子一起走过来,屋后传来的歌声咿咿呀呀地萦绕,像寨旁日夜流淌的河水,我已把它融作生活的一部分,而再花和我的小叔叔,都各自有了自己生活的一部分,同时也成了别人生活里的一部分。

屋后的苗歌声曾独领风骚两年零六个月。直到邻家的男孩从外地打工回来,才复又响起苗歌与汉语歌的交响曲。

老大一无所有地回来。依然独身。他没有弟弟幸运,带回一个丰乳肥臀的女人,多年打工的辛苦所获全被一场诈骗性质的婚姻巧取豪夺。爱情是假的,甜言蜜语是假的,新娘是假的,他失去的却真实不可逆。

没多久,屋后有了那么几天的欢闹以及吵闹。

老二结婚了。

从一个女子的观点出发,老大那样的条件,是很难找到一个伴的,即使是随便也难。作为一起长大的伙伴,我有时会为他担忧,担忧他会重复父亲的路:孤独无依。

沉默无金的男人悄没声息地生存着,因为穷,直到死去也是独身的男人,在我们寨里不管哪一代人都有几个代表,一辈子在爱情遗忘的暗影里作困兽犹斗。我曾设想会不会有另一个女人像他阿妈当年去别人家里一样来到他家,人贩子再度光临家门,不同的是他们成为买方——但愿有意料之外的惊奇。

后来,在与阿妈的一次夜话中,知道他们的阿妈就将回转来。回转来,是的,带着已将走到生命尽头、几近遗弃的躯体回到曾经的鸟窝。

20多年前的她一定极想逃开的,却终究没能逃得开,仿佛她的属相不是蛇而是风筝。她不幸患上一种极难医治的妇科病,买下她的人家当年愿意支付人贩子要的巨额钱款,现今却不愿再支付那笔高昂的维修费。她到底只是他们传宗接代的物什,被理所当然无可厚非地舍弃。

她当年去的时候,还很年轻,应该说也还比较漂亮,回来时却已发鬓斑白、病入膏肓。

她已无颜。

他们却坚持接她回来。

我又一次惊讶于他们的举动。

20多年的光阴，在寨里人们的眼里只是涟漪起伏，渐渐大家都不再谈论什么了。哪有那么多的时间和精力老谈论某个人或某个话题呢，黑白分明的日子，还在继续，就像回旋流动在DVD机心脏里的歌碟，一直在翻过来倒过去播放不同的曲目。

我不知道，在他们心中，那个做阿妈的，还叫不叫作阿妈，那个做阿爸的，沉默寡言大半辈子，将会开些笑靥，还是更将沉默下去？

没有改变的是屋后的歌声。

我们都变了，歌声还在回响。不管响的是什么曲子，荡在耳里的，都是歌声，从屋后绵延漫进。

这个贫寒而充满音乐的家庭在某一天起了些似乎是喜悦的变化——与我同龄的老二就将做父亲。

或许只有我和阿妈暗暗揣着忧虑，不知这是否是美好生活的开始。这个婚姻其实缘于一连串美丽的谎言，除自己名字外没识几个字的老二，在他乡向一个同样来自贫寒家庭的女孩吹嘘家乡是如何漂亮，自家如何殷实。然而，当女孩目瞪口呆于眼前狠毒的事实，却木已成舟，鸟已失羽。

在他们婚后，屋后传来的歌声音量越放越大，仿佛一根绷得越来越紧的弦，让人担心迟早有一天屋檐会被震落下来。这些歌多是时下流行的网络歌曲，工业重金属的乐器们像一群唇枪舌剑中的泼妇，面红耳赤地叫嚣着要把对方阵势打压下去，这样的歌曲闯进耳膜和心脏，简直就是一场又一场的洗劫。我喜欢听的苗歌，被迫缩进某个黑暗角落睡大觉去了。

我记得很清楚，屋后歌声彻底消失的那晚。

也是一个月亮美得圆满的夜晚，月光温柔得可以拧出水来。我正在柚子树下数柚子，忽然听见屋后有隐隐约约的争吵声。是老二和他的女人。女人哭喊着，好，你走，你走！有本事再也不要回来！然后就听见什么东西撞击水泥地，发出肉进骨折的砰砰当当声。

一会，老二的阿妈隔着篱笆篷叫我：妹崽，快，快！喊你阿妈赶紧来

023

我家一下。

夜深了阿妈才回来，我已睡得迷迷糊糊，只记得阿妈给我说了两件事：孩子生下来了，是个妹崽崽。EVD机砸坏了。

后来，每夜，就只有孩子的哭闹声从屋后传来了。

不知道什么时候才能再听到屋后传来的歌声，也不知怎么回事，我竟特别期待：我不会再计较它们好不好听，也不会再区别是苗歌还是汉语歌，只要有就好。没有歌声的夜里，孩子的号啕袭击背脊，让我感觉心慌慌的，凉凉的。

长夜，就特别的寂寥。

活着之殇

时常会傻想一个已经老朽的问题：该怎么活着。

那天傍晚和婆婆还有儿子去松桃街上逛，华灯初上，正值元宵，滨江花园商住区的七星广场犹如盛装佳人，风姿绰约，富丽堂皇，加以火树银花，更是热闹非凡。儿子一岁半，显得特别兴奋，一会拉着我们看灯会，一会闹着坐旋转木马；婆婆60多岁，是截然相反的麻木。她说，现在看什么东西都不觉得新颖好玩，也无法被吸引了。

下一秒，想起我阿妈也曾说过相似的话，然后竟全身冷颤。

我深知婆婆感兴趣的是什么，她自己也以为然，那就是每天麻将桌上的输赢。说到底，与钱有关：输时会有一丝沮丧，当扳赢回来，怀揣着别人的钞票——可能其中也有原本属于自己的，那种舒心的过程具有着无上的吸引力。婆婆的生活是泾渭分明的二分之一，每天每夜的生活轨迹重叠在一起，几乎可以完全吻合：那就是白天带孙子，晚饭后走向麻将桌直至深夜回家睡觉。每次赢钱回来，她总爱津津有味地与我们讲述其中过程，乐此不疲。不会打麻将的我难以领悟其中妙处，更无从体会婆婆的快乐——那份关于金钱的游戏带给她的活着的愉悦。

说过相似话语的我的阿妈，不喜欢打麻将去赢别人的钱，却不知道什么时候开始喜欢捡垃圾，说那是别人遗弃的钱，可以捡得光明磊落。于是，那年合家欢聚的除夕夜，阿妈和我聊得最多的竟是垃圾。阿妈最先说的是邀她一同去捡垃圾的邻村女人。那女人开了一个废品回收站，在收购垃圾的闲暇，自己也去捡。她的家就像一个巨大的罐头，里面密密匝匝封装她的家人和各种废品。那些从垃圾堆里逃出生天的废品是幸运的，它们最终会被她送达上一级回收站，然后开始它们的后世轮回，脱胎换骨之际，它们把带感恩意义的钞票馈赠给女人，让她用以兑换成生活的必需品。每天凌晨，当女人开着那辆差不多也是废品的回收车接到路边已等候多时的阿妈，她们便一起向心目中的宝藏奔驰而去。每天，当她们回到家里把一堆堆垃圾进行归类整理时，虽然精疲力竭，但心里充满幸福和力量，因为她们捡到了为数不少的"钱"。都是现钱啊，不像农民工担心人家拖欠工钱，也不像喂猪养鸡要辛苦大半年才能有一笔小收入。于是她们：开开心心地早出晚归，甜甜蜜蜜地与垃圾为伍。

　　阿妈后来说的是一群捡垃圾的女人。在松桃郊外臭气薰天的垃圾处理场里，到处充斥着人们新陈代谢的排泄物：废纸、空瓶、臭肉、烂水果、裹着屎的尿布，带污血的卫生巾等。捡垃圾的女人们在这个众人捂鼻规避的肮脏所在，像考古专家一样埋头苦干，为挖寻出深藏的稀世珍宝孜孜以求。关于垃圾回收的诸多伟大意义对于她们来说空之又空，她们哪有时间和精力关心这些呢。她们给垃圾深度鞠躬，与垃圾亲密接触，如果不时开来的垃圾拖斗车可以拥抱的话，她们一定会把它争抢过来紧紧地搂在怀里。当然，黑瘦但都还算健壮的她们只能尽最快速度跑到垃圾车旁，以便能最快最多地抢到最好的垃圾。什么是好的垃圾呢？阿妈像专家一样回答了我的问题。

　　可捡的垃圾一般有废纸壳、一次性杯子、方便面盒子、八宝粥瓶、矿泉水瓶、酸奶瓶、旧铁丝、烂锅、破胶盆、空烟盒、烂皮鞋、烂胶鞋、旧铁桶、烂灰浆桶、水泥袋子、破胶管、塑料泡沫、破胎、空啤酒瓶等。其中健力宝瓶、娃哈哈饮料瓶稍微值钱些——但也值不了几个钱。健力宝瓶、娃哈哈饮料瓶一块五一斤，要20多个才能凑到一斤；废铁一块钱一斤，这东西不容易遇到，而且搬运起来沉得像具冻死的动物尸体；又臭又脏的烂胶鞋捡得后，得把鞋面小心割掉，留下的胶底才能拿去换钱，一角钱一斤。一次性塑料杯子八九角钱一斤，要辛苦找到百把个水杯子，才能换得张薄薄的一块钱——是现在很多人几乎都已经漠视了的数字，一张掉在地上可能都懒得捡起的钞票。

忘了是谁说的，人是被抛到这个世上来的。

说这话的人大概知道，是谁把她们抛到了垃圾堆里。

阿妈说，那些一头扎在垃圾堆里的女人住在城郊的苗寨，年纪都在四五十岁以上。这个年纪的她们和我婆婆一样，对世间事物基本失去兴趣，唯独钱还能让她们心潮澎湃。甜蜜爱情浪漫唯美诗情画意通通都是人年轻时做的美梦了，那是多么奢侈的事情，没有钱，你连活着的资格都没有。她们只需要钱，也只有钱才让这种年纪的她们感到充实和欢乐。她们将用它来哺养亲人，就像她们曾以身体的汁液哺养她们的孩儿一样。而且，她们非常清醒，她们挣钱的速度必须赶上他们花钱的速度。在垃圾堆里待得久了，她们的脸容已经完全失去了色彩，取而代之的灰黑色不知是垃圾燃烧时漫天烟雾给熏的，还是其他什么。她们中有的人干脆在垃圾旁边扎起个简易的塑料棚子，在那里吃住，以便有垃圾车来时第一时间赶去。她们烧可燃的垃圾取暖，然后用自家带来的土罐子煨水喝，在燃烧的垃圾堆里烤过年前自家打的糍粑。看到有将就能穿的衣服裹挟在垃圾堆里，便挑拨出来，抖甩几下系在腰上挂在肩上。有时下雨了，便把废纸壳或烂胶纸什么的挡在头上，裹在身上。她们脏得只剩下两只眼睛还有那么一点光亮，但那仅有的一点光亮也是干涩、无神、呆滞的。这些眼睛应该曾经也像春天的花、夏天的雨、秋天的果、冬天的雪一样光彩照人，可以用漂亮、妩媚等来描述，但她们无一不变得黯淡、涣散了。

那个年夜，阿妈说的都是别人，事实上在外人看来她也是她们其中之一。我年迈的奶奶甚至说我们在骗她，她不相信丰衣足食的媳妇会沦落到那种地步。是的，在她眼里，在很多人眼里，那怎么都是一种"沦落"，一种低贱的营生。我无法替阿妈还有垃圾场的那些女人们辩驳。被抛到世间的人是不平等也是无法平等的，他们在社会所处的阶层通常与钱对他们的眷顾成正比。我寥落的心情只能在老师曾经教育我们的"劳动是光荣而伟大的"之类的话中得到些微抚慰和安置。

不知怎么竟有些伤怀。儿时，阿妈和老师们讲的是童话故事、励志故事；而现在，我在阿妈那里别人那里听到以及看到的是太多太多与钱有关的真实的事。我想逃避这些充盈于心耳的事，就像我想远远逃离现实一样。但我却又不可挣脱地看到，真真切切地看到，我们大多的人活着活着，竟就忘了为什么活着，该怎么活着，然后挣钱就成为活着的唯一内容和意义。公主王子的幸福生活只有童话里才有，现实世界到处闪现物欲的狰狞，我们不再幻想，不需要童话也不再相信童话，我们从朦胧走向兴奋走向麻木——唯有钱才能刺激麻木的神经，之后，便归于幻灭？

年前，我的房族大叔仰头灌下一大瓶敌敌畏，这种原本用来对付虫子的毒药，爽快地帮他割断与人世的所有牵系，任他把三个孩子弃给从此孤苦伶仃的父母亲，走得冷漠、任性而决绝。他曾吸过毒，戒过但终未成功，作为一个贫苦的农村人，大叔他没有钱舒缓疼痛的神经，也没有能力养活嗷嗷待哺的家庭。在35岁这年，他说他不想活了。

也是年前，也是一个30多岁的农村男人，惨无人道地杀害了7位亲人，详情不堪细叙，只想道出起因之一——也是因为钱。他妻子成天骂他窝囊，不会挣钱。长期压抑中，他爆发了。噩耗在松桃一经传出，惊世骇俗。有朋友在警察局工作，说那人第二天自己到派出所投案，一进门就说，你们抓我吧，我杀人啦。说话时脸上风平浪静，在场的人们都不敢相信。回答记者问题时，他说活得太累，怕孩子在他死后不能很好地活着，干脆把他们一起带走算了。

我唏嘘于人性的坚强和软弱。有太多的人痛苦死去或艰辛活着，其核心因素都是因为钱。我们人类有时可以战胜一切困难险阻，甚至创造奇迹，有时却得依赖钱的存在才能提醒和证明活着的意义——回答为什么活着，该怎么活着。

所写下的这些话，是那么的杂乱无章，些微理解曹雪芹"都云作者痴，谁解其中味"的辛酸，文由心生，杂乱就杂乱吧。还记得那天灯火阑珊处，我看看儿子，再看看婆婆，痛苦地明白自己也在这个绝不可能逆转或轮回的过程之中。儿子因为还不懂得钱的苦处而快乐，婆婆还有阿妈她们因为还能体会到钱的甜蜜而愉悦，全身冷凉的我看不到温暖的方向。

平生第一次，我对金钱充满了畏惧，也充满了感恩。

你有没有孩子在天空游荡

　　清明节,和爱人一起回老家"挂清"。比起城里人常说的"扫墓","挂清"更贴切些,把清飘挂到墓上的意思。山林乡野间的墓不兴扫,大多都没碑,样子像土地发脂溢性皮炎,隆鼓出来的一个个小土包。那些不知何故长年没人打理的,渐渐就会被一茬茬疯长的野草吞噬得一干二净。

　　老家僻远,唯一的一条通村公路弯拐颠簸,母亲晕车,每回一次老家就如同去一趟鬼门关,这些年身体孱弱,基本靠药养着,更不敢动身了。人不得回去,但香、纸、酒、茶、糯米粑、鞭炮、碗碟、镰刀等之类的物事,母亲提前一两天就帮我们准备齐全了。临出门,又一再嘱咐多烧点香和纸,让墓里的祖先们多多保佑我们一家人平安喜乐。母亲的父亲母亲也在被祭拜之列。这些年,母亲随同我们东挪西迁,几乎两三年就搬一次家,每搬一次,她都要将二老的遗像挂于屋子的显要位置,过年过节时烧香祭拜。偶尔在梦里遇见,不知寓意是吉是凶,都要碎碎叨叨地念上几天。她从不觉得他们离开过这个广阔多维的世界。

　　挂完清返程时,时间还早,我们像往年一样在镇上滞留了一会。镇上住着爱人同母异父的大姐,每次都要准备大包小包的东西让我们带回城去。这一次，是二、三十根筒骨，十几根已经燎毛的猪尾巴，两大盘夹沙肉，一刀足有十多斤重的腿子肉等等，都是滋养补益的东西。规模庞大的礼物让我们受宠若惊，连说，大姐你就少拿点吧，我们什么都没给你们带来，太不好意思了。大姐笑着回说，快都拿起，又不是给你们的。

大姐四十几岁了，干练、爽朗，笑起来的时候眼角边有好看的菊花纹，面貌和母亲不像，必须往深里探才能辨析出。大姐在母亲肚子里时，母亲没送给她多少基因；从出生到现在，母亲也没送给她多少母爱。和大姐夫生有一男一女，一起在镇上开了个小杂货店，兼卖猪肉，家道还算殷实。

每次见到大姐，心里总会作一回翻滚。大姐是母亲的私生女，在六七十年代，一个农村的女孩子敢未婚先孕，自然是冒天下之大不韪。我不知道母亲把大姐生下来送人后经受过了多少身心的煎熬，也不知道大姐是以怎样顽强的生命力，才在这个薄情的世间活了下来，让我暗自揣测却一直无法释怀的是：从小就在别人家里长大的大姐，怎么一点都不怨恨那个当年狠心抛弃她的母亲？

有次大着胆子问正在削洋芋准备给我们弄晚饭的母亲，当初为什么要把大姐生下来？母亲头也没抬，说，那也是一个人啊，不把她生下来，她做鬼不得安生，我这辈子也不得安心。我身体一激凌，竟不敢再问下去。

"那也是一个人啊"——同样身为女人，当一个生命在我身体落地、生根、成长的时候，我确实从来没有做过这样的考虑。以前因为避孕失败，我先后堕过两次胎，第一次是还没准备好结婚，更没准备好当母亲，妊娠反应也异常，就像现在的很多女人一样，把身体的麻烦交割给医院，以为一刀两断、一了百了。不敢告诉任何人，悄悄一个人去私人医院做的无痛人流。做了才知道，医院所宣称的无痛人流，其实仅仅是手术时有药物的麻醉，药效消失之后，身体的疼痛会加倍奉还。第二次是药流，吃药、忍痛、见血……一天两天地熬下来，又在医生的建议下进行清宫。没有麻醉，不得不清醒，在漠然而陌生的面孔前打开身体，由着冰冷尖利的不锈钢器皿在无辜的子宫内捣腾、刮削，在心里的暗黑处惨叫、抓扯、流泪、屈辱……但仅仅只会想到自己，绝不会从一个受精的卵细胞联想到那个未能出生就惨遭扼杀的——人。要依母亲的说法，我手上俨然已犯下两条命案。

当媳妇的，自然不能和婆婆交流这些，虽然也叫作母亲，但毕竟不是打断骨头连着筋的那种亲密。内心其实极想追问大姐的父亲是谁，当年都发生了什么事情，话到嘴边却违心地改换了题型："母亲你的意思是，这世上真的有鬼啊？"

母亲瞪了我一眼，那可不是？！以前我有个表姑张古七，她爸妈将她婚配给扒龙村的一个男子，古七表姑死活不愿意，一时想不开竟然喝敌敌畏自杀了。古七表姑遵守和伙伴们的信约，当晚按时赶到了见面地点参加聚会。第二天古七表姑自杀的事情传来，见到她的人怎么都不肯相信：怎么可能？！昨天晚上她还和我们大家在一起有说有笑哩！

是真的，真的是真的。

不信，不信，说什么都不信。

大家赶到聚会的地方寻看，只见昨天晚上分送给古七表姑的一个麦饼还残留在草地。一群蚂蚁正在努力瓦解并搬走它。

大家吓出一身冷汗，但怎么都弄不明白，这是一起做了场有古七表姑的梦呢，还是真的和已经成为鬼魂的古七坐了一晚上？

那是多么活鲜鲜的一个人啊，皮肤、头发、牙齿、眼睛，在月光下都亮锃锃的，身上穿的是她平常最喜欢的那件蓝底绣花的衣服，一点点鬼的蛛丝马迹都没有。大家叹息着，之后才回想起一个细节：有人抽烟的时候她都坐得远远的，还几次央求说，哥们些啊，你们莫抽烟了好不，太熏人了。

记住了吗？母亲对我说，你们夜晚不管走哪里，特别是在那些偏僻冷气的地方，一定要记得拿火种。拿了火种，什么孤魂野鬼就再不敢挨你们的身。

母亲给我讲古七表姑的故事后不久,我的另外一个母亲,也就是我孩子的外婆说,宝叔疯了。在一个暴风雨的深夜,宝叔敲遍了我们全寨子人家的门。敲到我家时,睡眠一直很浅的母亲听出他的声音,这才给他开了门。那晚,宝叔在我家一直躲到公鸡打鸣。母亲说,宝叔当时吓得脸寡白寡白的,两脚直打哆嗦,说是屋边的土地庙被倒下来的大树压垮,寨子所有的人家都被"那些人"团团包围了,里三层,外三层。母亲胆子大,逗宝叔说打开门看看"那些人"到底长什么样,宝叔死抵着门栓,说什么都不肯。

后来,家里人给宝叔请巫师泼了几次水饭,才慢慢恢复神智。母亲私下对我说,"你看,遭报应了吧,拿了钱却不给人家找个安身的地方,人家不找上门来才怪!"母亲所指的"报应",是寨子的田土被房开商修房征用的那段时间,宝叔混水摸鱼,乱指认一些荒丘和无主坟是他家祖先的墓,把补偿款冒领了却没请巫师行仪迁坟。

好多次,我都想用我所掌握的来自课本的科学知识,为我的母亲们解释、破译她们所说的怪力乱神的物事,但发现最终是徒劳。在我的母亲们的心里,已顽固地建立一套系统的观世理论,她们不约而同地笃信:在我们活着的世界之外,还有另外一个世界的存在;一个生命死去了,还会以另外一种形式活着。对于那些看不见的他(她)们,应该相信,并恭敬着。对于爱人的母亲而言,甚至发展到周末有时间想带她到外面去玩一下时,她总推辞说,你们去吧,人老了少走点地方,难得以后到处拾脚印。她的意思是,一个人快要死的时候,必须得一点一点地拾回他(她)在人世留下的所有悲欢善恶,然后才能安详地离去。

一日突发奇想:这种对待,剥开心理浅表的愚昧迷信,是否可以理解为人类的本初和曾经的善意?当我以母亲们的角度进行思虑,把"死"字解剖为"一"、"夕"、"匕"字并重新架构、链接、揣测后,竟意外发现体悟这个字的另一种途径：

生命或许"一"望无际，或许只争朝"夕"，看得见看不见的"匕"首，虎视眈眈，如影随形。"一"下子就再叫不应喊不醒了，他（她）如"夕"阳般不可拯救地陨落，"匕"首找到伤口，眼泪找到出口；"一"切都来不及，"歹"毒的弑计划无人可阻，"匕"首结束心跳，肉体尘埃落定，灵魂四处逃奔。抑或是："一"定是假相，"匕"首是假，什么都假，"死"亡也假，一去不回的生命既然如"夕"阳西失，自也会如旭日东升。

那么继续往下推：如果说，"人"字是左撇右捺，上合下分，一半是肉身，一半是灵魂，那"鬼"字的构架怎么看都像是在告知我们，这其实是一个隐藏于"白"昼的"幺""人"。

古人造字，从不凭空臆造，其中大多蕴含着诸多可作多重解读的密码，以上汉字的生成，他们运的又是怎样的匠心呢？不论如何，像我们现代人这般自以为是，草菅自己和他人的生死，定然不是他们愿意看到的。

"同样也是一个生命啊……"很久以后，我在东天目山昭明禅寺与简姐相遇，随口问了她一个问题，竟无意间再次听到类似母亲的这样一声谓叹。

我问简姐的问题是："在你们佛教里面，怎么看待现在城市的阴霾天气？"

"众生共业，"简姐回我说，"具体说来，是堕胎造成的。"

"啊？！"听到答案的一瞬间，我的身体再次一激凌，内心的翻滚一如听到母亲对我说她不肯堕胎的原因时。"怎么会是这样，难道不应该是空气污染造成的吗？"

"空气污染只是一小方面，最主要的还是因为现在堕胎的人太多了。"简姐说，"这些孩子死后，心怀怨恨，不得解脱，灵魂便悬浮在半空游荡，越积越多，在我们的肉眼看来，就成了阴霾。"

"我还是无法相信。"

"被堕胎的孩子虽然还没有成人形，但同样也是一个生命啊……你们经常上网，可以去了解一些数据，现在的人们，好像都只相信看得见的数据……世界卫生组织保守评估过，全球每年堕胎人数 5 000 万，两年一个亿，人类历史上最惨烈的二战，死亡人数大概是 6 000 万人，你算算，在堕胎中死去的生命是它的几倍？"

简姐为我解答时，一直没有看向我，似乎我内心的幽微，她已洞若观火。然后，选择了慈悲。

接下来不知道说什么好。我们一起看向天际。山风猎猎，穹顶之下，大地寂静。

"你有没有孩子在天空游荡？"

有人在问，声音苍茫而辽远。我环顾，不知道它源自哪里。

假设这种言论成立，我已有两个孩子在天空游荡，穹顶之下的阴霾，也有我的一份罪孽。

窗台上，一只布鱼，一只金鱼

布鱼和金鱼本来绝不可能认识，它们相隔的世界遥远着呢。但它们还是认识了，因为我的缘故，它们成了邻居。金鱼住在一个方方正正的玻璃缸里，鱼缸放在窗台，而布鱼被我钉在窗台边上。当然，我怎么舍得伤着它的身体，它的鳍上有一根线圈，我就把那线圈挂在窗棂边的一颗铁钉上。

金鱼整天都在水里游泳，金色的裙摆像飘浮在云端的鸟羽，偶尔吐露的水珠泡泡晶莹剔透，让人想起眼泪、珍珠、琥珀等诸如此类的东西。布鱼喜欢静，只在风起或是我们摇动它的时候才美丽地晃悠起来。

布鱼穿件蓝黄交加的绒布衣，只会唱一首歌，很好听，可惜是我听不懂的外文歌曲。它当初孕育的时候，有人在它身体里安放了一个小小的音乐盒子，于是它就成了天生的歌手。布鱼摇摆唱歌的时候，金鱼就会在水中更加起劲地跳起舞。有时候我都能听见它们在对话。布鱼说，金鱼儿你跳的舞真好看。金鱼说，布鱼儿你的歌声真优美。

我想，它们相爱了。

有事没事，我会拨弄布鱼，让它在一次次的晃动中亲近金鱼，然后让它唱出歌来——我这样做，好像是布鱼在暗中促使似的——它渴望为金鱼而歌。在布鱼的歌声里，金鱼游得更加悠然而快乐。我还使布鱼荡起秋千，在一次次的晃动中亲近金鱼。我不打扰他们的时候，布鱼一动不动，金鱼也静默着。它们一个安静在窗前，另一个安静在水里。他们相互看向对方的眼睛，让我想到了相忘于江湖的鱼，相濡以沫的鱼，最终想到捕鱼吃鱼养鱼写鱼的人类自己。

可我有时又会觉得自己实在残忍：布鱼和金鱼怎么能相爱呢？相爱了又如何能在一起？我让它们彼此有了眷恋的梦，它们却只能仰望到终老。

灾难在不知觉中降临。

两岁半的川川喜欢上了布鱼，和我们成人迷倒于那些繁华色彩光影一样，他喜欢的只是布鱼那件蓝黄交错的衣裳。他哭闹着，稚嫩的小手抓舞着，一把就将布鱼从窗棂上扯下，然后抱着往嘴里送，不知事的瞳仁里闪耀着清亮亮的光。小孩子手里有什么东西都喜欢咬几下，家人莞尔一笑。布鱼没有哭，也许它哭了，但我们不能看见听见，也没有在意。

布鱼再也没能回到金鱼身边。金鱼在后来的日子里也许一直以泪洗面，但我们也不能看见听见。

大抵是布鱼离开窗棂的第三天，我下班看见了浸在臭水沟里的布鱼，它的身体已肮脏不堪，我弯了弯腰，但最终没有蹲下去拾起它，那一刻在我心里，它仅是一只肮脏的、没有生命的鱼。

没有布鱼，窗台上只剩下金鱼。

没有人注意到金鱼的孤独，喂养它的女主人甚至都没来探望慰问一下。想来人的苦恼和哀伤自然比一条鱼多得多，哪有心思顾及它？女主人甚至怀抱了一种残忍和嫉恨：人也好，鱼也好，都注定是要孤独的，孤独就孤独呗，有什么？

可我错了：人和动物是不一样的。

在布鱼走后的第5天，金鱼停止了游摆，彩虹般的小小身子静止在水面,金色的云霞已黯然。

也许仅是一种巧合,但我却固执地认为金鱼是在苦苦的等盼中绝望而死的。彩虹般的小小身子安眠在无色的泪水里,璨然而沉寂。

我为自己的残忍而极度懊悔,当时我举手之劳就可以救起那只掉落在污淖里的布鱼。原来我只是因娱而鱼。不久,陪孩子看动画片《黑猫警长》之"吃丈夫的螳螂",片里的一段对白令我震颤和心酸。那是另一种生灵的不与人知的爱。

螳螂姑娘在被大家误以为是吃掉丈夫的疑凶时涕泪俱下地交代:"在新婚的夜晚,我丈夫突然跪下对我说,亲爱的,如果你爱我,请把我吃掉吧!这使我太吃惊了,更奇怪的是,他已把遗书写好了!他说,为了能生下更多能吃掉害虫的后代,就非要这样做不可,他还对我说,奶奶是吃掉爷爷才生下妈妈的,而妈妈又是吃掉爸爸才生下我的,为了表达我是真心爱它,我终于把他吃掉了!"

心事磅礴,喉头哽咽,想到相依相伴的鸳鸯,想到风雨相随的飞燕,还有太多有着大爱却从不言语的万物生灵。"渺万里层云,千山暮雪,只影为谁去",词人源自雁儿的感慨至今有人在追问:问世间情为何物,直教生死相许?

而这样的感情,随着社会与时代愈演愈烈的物质化和功利化,于我们人类,却是渐渐远离和鄙弃了。

在某一夜,紧紧地抱住我的爱人和孩子,空空如也的玻璃缸激滟了我的双眼,我知道我永远没有补救的机会了,唯有以心气供养它们的魂魄,用爱之长河护守,河不涸,鱼永悦。

再回麻阳街

那一年的冬日，阳光馨暖。周末无事，我又回了趟麻阳街。因为知道很快就要开发修广场、建新城，想着便像一个大限已至的亲人，见一次就少一次。名字已经定下，城叫盛世兴城，广场叫世昌广场——一个苗族英雄的名字，在抗美援朝上甘岭战役中，去时是个活生生的男儿，回来是一个"特等功臣"，尸骨在爆破声中，粲然沉寂。

几年不见，麻阳街越发破败，解放前的灰砖黑瓦、杉木门板、辗压得坑坑洼洼的马路，像大面积溃烂的胃肠肝肺，怨不得人家大动干戈。

从大街走到小巷，无论我怎么佯装沉稳，蹦落在岩石板上的脚步声还是一点一滴泄漏了我的凄惶。在巷子深处，没想到怕什么还真来什么，我竟又碰到木子的大伯，一如多年前的初见，皮子紧贴骨头扯起的笑，阴冷古怪之气有增无减。我埋低头，将围脖往脸上遮挡，缩紧身子，硬着头皮与他擦肩而过。

我不敢回头。我生怕一回头就撞见木子大伯站立在原地一动不动的身子，和他从来不会拐弯的寒凉眼神。我祈求木子的大伯不要认得我这个多年前的邻居，在他眼里，我只是一个路人，一个因无聊而走走晒太阳

039

的陌生人。

巷子尽头是一片宽阔的沙地，三分之二是周边居民开拓的菜地，三分之一是桦林。确定木子的大伯没有跟来，我长长地嘘了一口气。天到这里是更加纯净的蓝，而菜畦的绿在阳光下更加可人，那时正是白菜、萝卜生命力最旺盛的时候。远远看去，桦林的叶子们已大多告别天空，寥寥的几片悬吊在最矮的枝丫上，也是去意已决。

在菜畦里，不走大道，偏选窄坎。泥土的芬芳柔柔袭来，轻吻我的鼻端，和着绿色的阳光，温暖着我有些干涩的眼睛。在暗香幽游的这片菜畦，突然遗忘了所有与此无关的惦记。我想这片土地定还记得我的，尽管在它身上过往的人很多——曾在多少个晴午雨暮的日子，我和木子，在这里留下小兽般的脚印。

走到一道土坎的扭拐处，再过一道短短的斜坡，就入了桦林。林立的桦，树色淡褐，丛生的草，叶色清幽。如果不是脚下堆积的枯叶，真以为此时还是春天，这个季节一直居住在这里，没有离开过。

我的眼睛到处寻觅着一棵三株同根的桦树，这或许能算是我今天再回桦林的原因，我来看看木子的金鱼，看看它们是否依然安详。曾在日记里写道："我会常来看看它们的，也希望它们想我的时候，托梦给我。"然而这么多年过去，自搬家后我从未履行过诺言，而它们也从不托梦给我。没有人叫我来，我只能自己叫自己来了。我不能不来看看它们。

不能不。

记得是一个冷落清秋，木子要去重庆看病，走前她捧着玻璃缸来到我的屋子，小脸白惨惨的。木子八岁时就知道自己得了一种怪病，身上只要有道细小伤口，身体里的血就会汩汩往外跑，每次都得费好大劲才能堵住。这趟远门，木子不知道自己什么时候能回来，拜托我帮照看她的两只小金鱼。木子的眼睛特别美丽，当时蕴满了泪水，涩涩地说这两只小金鱼对她很重要，是初恋的男孩搬家时留给她的唯一纪念。木子还说此次去重庆，一定能再见到他，也一定能把病治好。我满口答应，请她一百个放心。

一百个放心。我和木子的友谊也开始于一句"一百个放心"。

毕业参加工作那年，我租住麻阳巷，搬家那天才知道所谓二楼其实是准一楼，而邻居是一个鳏居的中年男人，瘦骨嶙峋，面目阴冷。每次上下班在巷道碰到，他都会站在原地不再移步，定定地用目光跟着我，白多黑少的眼珠进出来的光直直地僵僵地，粘得我后背一阵阵发麻发凉。最让我心惊胆战的是，他一天没事就蹲在阳台，头朝我这边屋里瞅，目光钻过防盗窗，机关枪似的在各个角落肆意扫荡，以至我再不敢把面向他屋子的那边窗子打开，窗帘不管白天黑夜都围得密密实实。那天是白天，有朋友来玩，我便壮着胆子打开玻璃窗，没想刚一扯开帘子，那人竟又蹲在阳台朝我这边看，目光一刀一刀地扫。看到我打开窗子，一下站直了身子。我心头啊一声低叫，手脚发凉，竟忘了关窗拉帘，任他向我走来。

"大伯，大伯！"一个戴着粉色毛线帽的女孩截住了他，"我妈叫你到我家吃饭，快来快来，就等你啦！"

我的心还在咚咚咚地跳得厉害，女孩已经走到了她大伯刚才所在的位置，挥动毛线帽下面的两个小绒球跟我打招呼："姐姐，你是才搬进来的吧，他是我大伯，脑壳有点问题，但不会伤害你的，你尽管一百个放心。"

我就这样认识了木子。原来屋子的前任主人是个男生，这个男生后来成了木子的男朋友，再后来又搬去了别处。木子说她大伯脑壳简单，不晓得她朋友回了重庆，误以为他心目中的侄女婿又找上了别的女生。

木子让我对她神经兮兮的大伯一百个放心，可惜我却没能力照顾好木子的小金鱼，让她一百个放心。木子到重庆住院治疗两个多月后，在一个苍白寒冷的清晨，两条小鱼一起静静地睡在玻璃缸底，竟不约而同悄无声息地离开了。我当时一下子懵了，我不知道当木子回来，我应该用什么样的理由为自己辩白，什么样的方式才能不伤害。那是我第一次因歉意不安到发抖，一闭眼就会看到另一双眼。

　　木子没能回来，小金鱼死后第三天，木子的阿妈从重庆回来，告知了我关于木子的最后消息。心在短暂的轻松后突然重重往下堕，而后明白最负重的思忆就是那份困于心尖而无法补救的伤痛，如果时光可以倒流，不知道我还会不会答应木子？

　　木子性子温纯，相信她天堂有知，是绝不会怪我分毫的，可能还会反过来安慰我别太难过，她或许会笑着说都怪自己粗心，没告诉我喂养金鱼应切记的各项事宜。记得一次我不小心弄烂了她心爱的书，她上一秒还在抚摸着书掉眼泪，下一秒却转过头微笑着对我说："姐姐，不怪你。是我忘给它包个书皮了。"

　　木子走了，冥冥中小金鱼们竟像是提前赶去接她、陪伴她似的。记得她离开我家的时候还笑笑地对我说"再见"，没想到竟成永诀。玻璃缸的小金鱼无辜地瞪着我，让我不能不想起木子离开麻阳巷时，最后一次回眸望向我的美丽眼睛。

　　我把小金鱼埋到了巷子尽头的桦林，相信这是木子所愿望的。木子只读到高三上学期，因身体原因便一直休学在家，逢周末又是好天气的时候，木子就会来她大伯的阳台邀我，让我和她一块儿去桦林听风的声音。在桦林，我们长宽厚薄差不多的影子叠合在一起，与桦林进行着只有我们自己才能明白的对话。本已说好等她回来，一起画一幅有桦树有小金鱼的画，可木子却失约了，她残忍地要我满怀歉意地念记她一辈子。

　　在那个冷冷冬季，所有的桦树都蒙着一层厚厚的冬日色彩。一棵三株连根的桦树下有一丛绿草，让我看到生命的顽强及绿色的希冀，所以就选在那里埋下了它们。望着掉鳞泛白的鱼身，我想象它们只是睡着了，明天又会依然鲜活地巡回浮游。想象木子也只是睡着了，那个送她金鱼的男孩很快会来唤醒她。我在金鱼身下放了三片桦叶，身上放了两朵菜花，一朵白，一朵紫。我让它们挨得很紧很紧。木子喜欢紫色，说紫色是红和蓝调和而成，红色象征生命轰轰烈烈；蓝色象征宁静幽深。我深深地凝望着我亲手制造的美丽"坟墓"，之后推下细沙，盖上枯叶。最后，我在其中一棵桦树皮上用小刀刻下——木子的小鱼儿。

我当时命令自己一定要常来这片桦林，为木子，更为自己。

随便找了一棵桦树靠着，遥望阴霾天宇，我不得不去想：这么多年过了，小金鱼美丽的灵魂是否已陪同木子去了天堂？小金鱼们学不学得会在天空里游泳？当有一天我也要离开这个世界的时候，我能不能再见到她们？

然而，我颓唐地发现，继而一阵抓狂，我找不到那棵桦树了，这些年桦林不知从哪里冒出来很多三株同根的树！埋葬它们的时候，我明明还在树身上刻着字的，但找遍了所有三株同根的桦树，一棵都没有。我走错地方了，还是桦树长大壮实了，掩藏了所有的字迹？但，这才多少日子啊，怎么连刻着的东西都那么轻而易举就消蚀了？我又一次欲哭无泪，犹如那天愣在玻璃缸边看着金鱼们璀璨的尸体。

最后，我只能这样安慰自己：金鱼们肯定已经离开桦林了，它们不想我再惦记着它们，不想我再来打搅它们的安宁，也不想我再愧疚下去，它们逼着我遗忘，要我开心幸福地活着。它们，和木子一样善良。

只是它们不明白，这才是我不能遗忘的原因。

突然起风了，暖和而妩媚的太阳光辉里，我再次看到木子美丽的笑眼。我跟着它慢慢地走过一棵桦树又走过一棵桦树，走上土坎又走下土坎。来回转悠的我像困在土里游泳的鱼，足踝疼痛像蜗牛失去了粘液。

我不知道的事情是，那竟是我最后一次重返，当时还叫作麻阳街的地方。

花镯

【春晨的古枫绿】
【篇章】

水的秘密之壳
环佩声处的娇俏容颜
你听！烤茶在唱歌
寨子里的妹妹崽娃娃崽
紫色花事
烟薰了我的眼
你我是革罢苗寨的一对母女

水的秘密之壳

一　头水

村旁那口苍老的水井，隐居在一棵与它同年岁的枫木树下，一方方线条柔软的水田对它们形成大半个包围圈，水田尽头是黛青色的山峦，挨着村子的那方则是一丛丛不管什么季节都郁郁葱葱的楠竹。风一来，竹叶碰擦发出簌簌声，像悬在半空的水流。

一夜没睡，估摸着时机快到的时候母亲挑着水桶出门了，脚步轻得像穿堂而过的夜风。一起往古井方向去的，是空气中弥漫着的销烟，它们和母亲的心思一致，都是为了迎接新旧日子交替的零点零零分。一地的灰飞烟灭，一地的艳红残骸，电视里的新年钟声即将敲响的时刻，母亲就是踏踩着如此的大地，走向村旁枫木树下那口苍老的水井。扁担过渡到木桶的地方，是一截嵌进扁担首尾身体深处的铁链勾，在晃动中发出吱呀咿呀的声音。铁链勾住的两个空木水桶，随着母亲身体和脚步的晃动而晃动，像两颗硕大的水滴。水声潺潺的地方，渐次抵达眼睛的青石井盖，鼎立在青草丛生的地方,像一个巨大的蚌壳。

到井边了,借着不远处一夜未熄的零星灯火,母亲下意识地环顾了一下四周——还没人来。如愿成为村里第一个担头水的人,母亲露出满意的笑容。井是日日相见的旧识,水是须臾不离的挚友。母亲扶着井盖曲膝半蹲,两只水桶底先后稳稳地落定,发出细微的噗咚声,把扁担从肩上卸下,就近放在井边干净的石板上,像一笔长长的"一"字。

零点零零分,各处丛生的绚烂烟花照亮了乡村的夜晚,也照亮了井中初生的泛着草木清香的新水。母亲把袋子里的香和纸取出,放在井边干爽的青草地上,把拓成一沓的冥纸一张一张地扯开来,再轻轻地对折一下才叠放在地上,像搭起一个个窄长窄长的小屋顶。香纸堆点燃后很快就旺了起来,母亲将冥香也点燃,捧在指掌中,缓缓站起,躬身向着水井恭恭敬敬地作了三个揖。此时此刻,母亲说给井水听的所有愿心,基本上都是这么一句:保佑我们一家平平安安健健康康大财大旺啊……母亲说得轻而慢,尾音的"啊"从口中拖曳出来,与井边的雾气一起缭绕在空中。作好揖了,母亲把冥香插在水井耳朵边,青草地上便升起了三个米粒大小的火种,映射在还未能清晰看见表情和姿态的井水中,像三颗刚刚诞生的星星。

准备舀水了,母亲左手抓住井盖,把身子扶低,扶低,再扶低,然后用木瓢椭圆形的底部在水面轻轻地拨刮几下,把水面可能飘浮的树叶、细蚊、烟花爆竹的碎屑扬到了周边,然后才把整个木瓢探进井水深处。出来时,井面上的水让着井心里的水,瓢满满的,在母亲已经适应夜色的瞳孔看来,荡漾着神秘的光辉。真是金水银水哩,母亲无限欣慰。

如此反复,直到两只桶里的水都差不多齐到第二个铁箍的位置。这么金贵的水,舀得太满的话,一会走动的时候晃荡出来,不管是泼溅到脚上、鞋上,还是路边猪牛羊的干粪上,都太可惜了。

把桶身调好,取回扁担,让它与木桶重新勾搭起来,母亲像来时放下水桶时一样曲膝蹲下。当肩担挨到肩膀，双手扶住桶身上的铁勾，站起，转身，感觉功德圆满的母亲，原路折回村庄深处我们的家。随着渐次到来的新日子和新生活，路上来担头水的人会越来越多，他们大多是其他人的爷爷奶奶，或父亲母亲，他们的孩子昨夜里放了一晚上的爆竹，已美美睡去了，大概要日上三竿才会醒来。

新年第一天的头水，是崭新新的福水，能镇宅纳吉，能祛病消灾，在我们那儿，是一个公开的秘密。

二　一碗水

那年夏天，六十多岁的爷爷拉着我七八岁的手，离开玉米地去山崖那边寻找"一碗水"。阳光辣得锁喉咙，天空火烧火燎地没有一丝云彩。一个多月没进半滴雨水，我们脚下的田土大片大片地干枯、断裂，像一张张渴死的嘴。

我们都一言不发。我的沉默是因为嗓子冒烟，而爷爷是一辈子都沉默寡言。有时被人逼急了，话说出来就像扔砖头：有哪样好讲的，懒得浪费我口水！貌似他口中之水，说一句便会少大半斤似的。

通往山崖的路明显荒废了，像根细肠，百无聊赖地潜藏在山野身体内部，曾经被它镇压过的草木已成功反攻回来，在道路两边肆意生长。我穿的凉胶鞋底子薄，不小心踩在一些冷不丁冒出的尖尖岩上，硌得我呲牙裂嘴、东倒西歪。爷爷躬身走在前面，左手抓着我，右手不时抡起小锄头，将路边试图拦截我们的粘猫刺、乌泡刺打压回去，干得心无旁骛，一次都没回过头可怜一下我。我嫌爷爷走得太啰嗦，几次想拽开爷爷汗涔涔的手冲上前去，但都没成功，爷爷把我当孙猴子压在了他的五指山下。

我们一路披荆斩棘，走得缓慢而又辛苦。最痛苦的是道路前方没有一丝水的迹象，让人走得迷茫而倦怠。我甚至怀疑爷爷所谓的"一碗水"

自己已经先渴死了。不知时间过去了多久，当一道青黑色的山崖堵住去路，山崖一角赫然出现爷爷所说的"一碗水"时，我不由啊呀一声尖叫起来。那是崖壁裂陷下去的一道凹槽，自然形成一个不规则的碗，蓄着从岩石和山林深处渗出的水。不多不少，不满不溢，当真只有一碗。这么一点水能止到渴？我几乎快要崩溃，但有总比没有好，我几乎是整个身子都快扑了过去。但我没扑成，爷爷用他一路披荆斩棘的小锄头勾住了我。"急哪样！"爷爷吼道，"去！扯两根茅草叶过来。"

眼睁睁看着近在眼前的水不能喝，我无比愤懑地鼓瞪了爷爷一眼，心里一千个不愿意，但还是乖乖地去扯了。茅草叶到手，爷爷拿一根，喊我也拿一根，然后手把手教我：用左手大拇指、食指和中指的指肚轻轻捏住茅草根部的那头，右手的大拇指和食指轻夹起另一头，两头挨近并交错形成一个"又"字，然后折卷，从"又"字中间穿过，再一扯、一拉、定形。一开始，茅草叶微晃在指掌中，柔软如一根削去羽毛的鸟翼，在爷爷自然而顺畅的手法中很快缔结成一个半边蝴蝶结，又好似长着一只大眼睛、两条小尾巴的精灵。

"给我记住啦！"爷爷把我手里结得不像不样的草疙瘩也放入水边后，一脸郑重其事地说，"不管在外头哪个地方喝水，都要扯根这种茅草叶，打个草疙瘩放在水上面，水喝下去才没事。"

"哦。"我应着，心里却在埋怨爷爷：怎么突然这么多废话，再讲究下去，人都渴死了。可爷爷却存心考验我的抗旱能力似的，把一片油桐叶递给我，让我折卷成漏斗状掬水喝。

"再渴，都要记得按今天教你的这样打个疙瘩，晓得不？"

"晓得了，爷爷。"我有气无力地应着，终于得到爷爷的眼神允许，便放心大胆地埋头苦干起来。唉，终于喝到嘴的山泉水真是甜啊，它们冰冰凉凉的，缓缓从我的喉咙滑入，软软地淹没了我的五脏六腑。没一会，嗓子冒起的烟熄灭了，身体的火山也消失了，等我喝得打水饱嗝的时候，我惊讶地看到,崖壁里依然收纳着一碗水,不多不少、不满不溢的一碗水。

喝到心满意足,我们起身返回。山林苍茫,风声猎猎,山路那头是我们家的玉米地。一排排玉米密密匝匝地站立在大地上,秆尖上的花穗,像一只只怪异的手掌,向着蓝天白云高高举起。那么干燥的天,它们靠什么喝水?万一渴死了怎么办?这是我当时唯一关心的问题。一路上,爷爷不再拉我的手,山路两旁的荆棘都被他收拾妥贴,通畅无阻了。

很多年以后的一个夏天,我带孩子爬铜仁城边的文笔峰,在山背后的一处水井喝水,因为牢记着爷爷当年的嘱咐,便让孩子也去扯根茅草照我说的做。孩子读三年级了,还保留着对世间一切事物好奇的天性。他问我:"老妈,为什么打个草结放上去就没事了哩,难道它有超能力,能打败埋伏在水里面的怪兽?"我不禁莞尔,一时却无言以对。这时我才意识到,当年七八岁的我,因为操心玉米们的生死问题,错过了向爷爷索取正确答案的最好时机。而今,爷爷已把答案和他的身体一起带入大地之底。

下到山脚的时候,我把自以为是的答案告诉了我的孩子。我说,我们遥远的祖先和现在的很多亲人,他们从不怀疑天上住着神先,从来相信人间万物都有生命和灵性。当然也包括水。爷爷嘱咐的打草结的事,是一个奇妙的秘密,我们把它好好守下去。

三　酿水

松桃老家的张婆婆让儿子开车到铜仁,专程接我公公去给她"酿水"。本来公公已与她说好,过两天要回松桃办事,到时再顺道去她家看看。松桃到铜仁来回一百多公里,专程跑一趟太麻烦。可张婆婆说,烦请肖师傅你来一趟,再不来我就要死啦。

太阳刚露半边脸,车子就已开到小区门口,公公没办法,只好动身了。我以前听爱人说过,公公年轻时在一位田姓师傅那学会"酿水术",医治好了不少怪病，心想正好借此机会眼见为实，便随公公一道前往。

我们一路听张婆婆儿子摆谈，大致清楚了张婆婆得病的经过，说是去乡下吃喜酒回来便感觉身体不舒服，先是心口发烫，没两天后背也跟着烫，像是被谁往血液里撒了把炭火星子，但体温计上显示的指标却又是正常的。觉不好睡，肠胃也难受，稍微吃点东西肚子就膨胀要死，到重庆、吉首医院检查过，都没查出个所以然。前后折腾一两个月，医生除了输液也没什么辙，便回家了。听到来家里探访的亲戚说起我公公"酿水"酿得好，便火急火燎地赶来相请。

见到电话里对公公说"你再不来我就要死啦"的张婆婆时，我心里咯噔了一下。老人貌似才起床，强打精神坐在沙发上，身上碎花图案的睡衣看起来厚实、鲜亮，却矫枉过正地把老人身心的惨淡暴露无遗。一种张牙舞爪的萎黄，与皱纹一起，紧紧地缠住了老人的面容。老人与我们说话、对视的时候，说着说着眼神便松散开来，怎么收都收不住。家里人给我们端来水果、泡上茶后，老人躬身起来把茶杯推移到我们面前，陡然冒出一截长满灰黑老人斑的枯手，惊得我心里又咯噔了一下。

九点二十二分，在公公的指导下，张婆婆将女儿找来的土鸡蛋在身上到处滚了一下，然后取出吹三口气递给公公。公公接过，在蛋上画了几个字符，这才喊家属拿去厨房烧水煮。公公是谦虚谨慎的人，细声说，蛋一熟就可以捞出来，剥开看下心里就有数了，如果张婆婆的病因属于他能治的那种，"酿水"便能见效，如果不是就没办法。

剥开蛋壳的过程，在我看来无异于揭开潘多拉魔盒。我们一起看到，原本应该光洁如玉的煮鸡蛋，不无惊悚地凹下去了一大块，竟像被老鼠啃噬过一般，布满了残留的牙齿印。公公说，看来是害上那种病了，你们把该准备的东西准备起，我来给她"酿水"。那个怪异的鸡蛋，被公公捏烂成几瓣掷入火塘中，烟子扭曲向上，味道极怪，无法形容。

开始"酿水"了，公公烧香、烧纸、画符，以一种奇怪的手势夹持住装有大半罐清水的玻璃瓶，端到胸前念念有辞。那个时候，公公浸在烟雾中的面容沉静肃穆，似乎他不再是自己，瓶中之水也已不再是水本身。我们所有人站在旁边安静地看着，生怕一不小心触犯忌讳，坏了张婆婆当作最后一根救命稻草的"酿水"法事。临了，公公把玻璃瓶里的清水用一小叠冥纸封住，青线缠绕几圈后系牢，而后再在冥纸上比划些字符，将它小心端进张婆婆的卧室，缓缓推入床脚的暗黑深处。

仪事完毕后，公公交待张婆婆及其家人，如果明天起来感觉身上轻快了些，就打他电话，他再来"酿"几次水，如果没什么起色，就不必打了。和刀头肉、泡粑、酒等祭品一起放在桌上的还有120块钱，是敬师傅敬神灵的仪式钱，公公不肯收，主人家推搡半晌才勉强收下20块钱，以安张婆婆的一片心意。

临时有事，我先行回了铜仁，第二天上班途中惦念起这事，遂打电话问公公情况怎样。公公说，张婆婆一早已给他来过电话，说昨天"酿"的水起作用了。

我欣慰、讶异，而后不由得自嘲：想起昨天出发前，我信心满满地以为我的亲眼目睹，多少能窥探到一点点"酿水"的玄机和秘密，然而秘密还是秘密，根本无迹可寻。于是只能这么想了：其实没必要什么事都打破砂锅问到底，因为很多事情的终极答案，就在砂锅本身。正如张婆婆虔诚向我公公求救，而我公公所做的一切，或许仅仅是借助水的秘密能量，让张婆婆学会自己拯救自己。

四 "仰悟"

记忆中也是夏天，与水好得过份，玩得不知天日。

我和一帮年龄不差上下的伙伴们，在阳光下、河水中脱得一丝不挂，从脸到脚，全部晒得黑里透红、黑中发亮。我们换着花样在水里游泳，狗刨式、鲤鱼式、水蛇式、张牙舞爪式……想做什么动作就做什么动作。玩水的道具也挖空心思地变化，今天是木盆，明天是捶衣棒，后天是竹水枪……家里凡是能浮在水面上的东西，几乎无一幸免。

那些年，拥有一个车轮胎吹胀后生成的黑色游泳圈，是一件超级牛逼的事情，拥有了它，便敢放心大胆地去高深莫测的河中央玩。有时缩着身子躺在轮胎上，屁股泡在水里，双手双脚伸向空中，把眼睛闭上，在阳光下随波荡漾；有时圈里圈外钻进钻出，在河里忙成一只热爱松土的泥鳅；有时是故意有时是真的，在摇晃的胎上站立不稳，像块门板叭嗒一声砸在水面……轮胎玩腻了，继续又换花样：比谁在水里憋得最久，比谁从岩上跳入水中的动作最帅气；把所有能找到的白颜色河石都聚拢来，学天女散花抛入河底，比谁捡回最多。有时，我们嫌水太干净了，要给它加点调料，便一个个跑进泥田里学水牛打滚，浑身上下糊上一层又一层黑乎乎的软泥，包括头发都不会放过，等各自都只剩下两只滴溜溜转的眼睛，才高一脚低一脚地跑出泥田，一路上你在我脸上画两道八字胡，我摸摸你滑溜溜的屁股腚，纵身从岩上跳下，水里瞬间开了一朵大大的泥巴花。

水有哪样好玩的蛮？天天泡倒起！这种声音一响起，便是父母嗔怪我们玩得没天没日，在催促我们回家了。不过，催是催，他们倒从来不会因为害怕溺水之类的危险阻止过我们跑向河水的脚步，大概因为他们都还记着，多年以前他们也是这般在水中长大成人。

没有玩伴的时候，我喜欢整日整日地仰躺在水面上。什么道具都不用，裸着整个身子浸在水中，差不多只留鼻孔和眼睛。河水流到我头顶的时候，会善解人意地分流开来，然后再在我脚尖处合二为一，像两片柔软的蚌壳把我的身体安稳而妥帖地包裹起来。河水辽阔而宽厚，以极其温柔的手势托掌着我空心的身体，我的身体轻成一滴水珠，收拢在一片经络丰满的荷叶上，阳光无处不在，把我整个人烘得通体晶莹。那时，最接近河水的心脏，对它的每一次呼吸、每一次脉动都能体察入微。在身下，不时会听到从河床里传来的咕噜咕噜声，像什么小动物在唱歌，河鱼们悄没声息地挨近我，轻啄我的手和脚，我稍微一动，它们便箭矢一样散开，见我没什么危险，又小心翼翼地折返，继续考察我是个什么东西。

很多时候，都是母亲把我叫回人间。母亲寻我不着的时候，只要顺着河流走一趟，多半会在某段水溏将我成功截获。"碧……回家吃饭啦……"因为耳朵泡在水里，母亲的呼唤听起来虚空、柔软、轻飘，像从河底水藻间升腾出的气泡。心不甘情不愿地起身，心不甘情不愿地回家，脑袋瓜里早就打定好主意，先把肚子填饱，再趁母亲一个不注意溜出来。

那时的我还不知道，汉字里的"水"，对应我母语里的"Wub"，可译作"悟"；而"河水"，对应的是"Yangs Ub"，可译作"养悟"或"仰悟"。在我被水完完全全温柔洇浸着、怀抱着的时刻，水的简单，水的柔软，水的深远，水的丰富，水的包容，为我蜕掉为人之壳，给了我切肤之悦。

五　阴阳水

不知道从什么时候开始的，与水渐生芥蒂，以至后来我在走向饮水机的每个时刻，都像是去完成一次对水的审判和猜忌。

在那样的时刻，我总是用一成不变的动作打开饮水机挡门，再用一成不变的动作把水杯放在开关下，按下机身上面的按键。按红色出热水，按蓝色出冷水。当半透明胶桶里的水通过开关缓缓流进杯中时，我是心不在焉的，目光也茫然的，大概是因为彼时彼刻想喝水的我并不是心里有多么渴望，仅仅只是出于生理需要。颜色还是水的颜色，气味也还是水的气味，但送水入喉后，舌头和喉咙却死活不肯相认：主人，你确定它真的是矿泉水吗，怎么那么涩……主人，这水太硬了，这么喝下去会不会得结石……主人，你要不要看看这水是不是还在保质期？……它们一次又一次不厌其烦地告诫，似乎我是一个昏庸的老皇帝，需要他们的逆耳忠言来拯救。

　　端着以前认为烧成灰也能识得的水，我捂着耳朵、皱着眉头，宁愿从来没喝过那些甘甜的山泉水，好过如今在比较与怀念中患得患失，沦为一个轻度强迫症和抑郁症的喝水者。不用谁来提醒，我心底深处对水的害怕早已冰冻三尺：说好了多喝水可以排毒，但万一水本身也有毒呢？说好了水要净化才能喝，但如果净化器自身就需要净化呢？

　　在与水的对峙中，我经常练习诸如此类的质问：你从哪条河流来？兜售你的厂家是什么底细？他们用什么仪器对你实施了哪些手术，是不是真的已经把你身上的有害物质都剔除干净？请你一定要老实回答，因为你将进入的，是我们每一个人都绝无仅有的身体。

　　对峙到最后，败北的总是我。从来不是水需要我，而是我需要水。懒得计较了，事实上也计较不起，我一仰头将它们一股脑儿地塞给了肠胃。它们不像喉咙和舌头那么敏感和娇气，我塞给它们什么，它们就收受什么。有时实在受不了喉咙和舌头的抱怨，就舀两勺蜂蜜在水里面搅合两下，似乎有了这么一个甜蜜的谎言，生活也就在甜蜜中开始和继续。印制在胶水桶身上大大的"纯净水"几个字，总会让我莫名其妙地联想到贞节牌坊，若说贞节牌坊的初衷是为了标榜贞节，而"纯净水"的存在，却似制造者在欲盖弥彰，提醒人们世上的水大多已失去贞洁，我们得感谢他们通过某些高新技术手段，为她修复了处女膜，重塑了处子之身，使她依然人畜无害。一想到这，我心里就特别别扭和难过。

　　我在每天早上空腹喝下的温开水，都是直接用开水加冷水兑成，因为冷热的比例无法精确，所以总是先浅浅地尝一小口，然后再往杯中兑点热水或冷水，温度适合了就囫囵喝下。我给自己的理由是没有时间守着一杯滚烫的开水，等待它在空气中慢慢冷却。有天爱人看不下去了，说，你不知道吗，这种半生半熟的水叫作阴阳水，长期喝对身体不好！我反问他，什么叫阴阳水，怎么个不好法？爱人说不出所以然，让我决定还是继续以这种方式喝下去，心想最好能直接喝成个"阴阳人"，就像电影里演的那样，一只眼睛能看到阴曹地府，一只眼睛能看到阳世人间。

偶尔隔着蓝色半透明胶桶瞅那些睡在里面的水，感觉无需我作冷热冲兑，它们自身就已是不阴不阳、半死半活。在没有阳光、没有空气的桶身里，它们没有呼吸，没有动静，像一具已经适应绑架，懒得再作任何挣扎的身体。

我从没给担心我喝阴阳水喝出问题的爱人说过，他说的道理我都明白，只是确实无奈。一如我心里明知，却从来都不愿意接受：我打小就认识的水，一直看着我长大、护着我周全、给我太多记忆的水，早已经病故去往阴间多年，而今苟活在阳间的，只是一具空空的皮囊。

六　水命

春节的前几天，母亲和我去二舅家看脑梗塞的外公。二舅说外公已几乎吃不下什么东西，他们只好天天给他煮稀饭。即使是稀成水一样的米饭，外公也咽不下几口。外公大小便已经不能自理，经常屙屎屙尿在床上，虽然有成人尿不湿垫着，有大棉被捂着，房间里翻滚着的朽臭味，还是饱和到了令人作呕和头疼的地步。被我们强行从被褥里叫醒的外公，眼睛已完全失去水份，像停止供电的灯泡，嘴巴说不出一句清晰的话，脸上没有任何回应我们的表情。看着外公被病魔缠噬得只剩骨头的身架，我脊背一阵发凉。母亲比我坦然很多，也冷静很多，她轻声叮嘱我不要太接近外公，特别是不要正对着他嘴巴出气的地方，似乎那里是口黑暗的洞穴，吞吐出的气息会让人感染衰亡。

年后没多久，我接到弟弟打来的电话，说外公去世了。

在我从铜仁奔去松桃之前，母亲一直没有和我联系，电话或短信都没有。我也没有和母亲联系，以电话或信息的方式。我几乎像相信自己一样相信母亲，面对已然到来的阴阳两隔，母亲绝对不会有呼天抢地、痛断肝肠的表情和心情。早在四十多岁患美尼尔氏综合症的时候，母亲就曾一脸寡淡地说，我是个水命人，做人的苦处我上半辈子已经承受过了，下半辈子我要开开心心地。

大凡命理学说所述的一些水命人的属性，在母亲身上基本都应验了。外公年轻时先后娶过三个女人，我母亲是他和第一个女人生的女儿。外公和第三个女人共同为"生活"所作的注脚，就是在一个接一个的生育中把日子活下去。不用人教，母亲离开生母后就学会了自己养活自己。不光要养活自己，还要忍受父亲和一个不是母亲的女人不断给她增加弟弟妹妹，然后把他们也一起拉扯大。先后8个弟弟妹妹，除第三个弟弟不幸夭折外，其他的都活蹦乱跳地活了下来。不可避免的，母亲的童年比大多数人都要短促，母亲所获得的为人子女的快乐，比大多数人都要稀薄。更折磨母亲的是，她的记性好得如同身体自带摄像机随时跟拍，那些锈到她骨子里的陈谷子烂芝麻，她在摆谈给我听的时候，就像在叙说前些天才发生的事情。

"我那时才4岁多，因爸同亲娘离了婚，婆也早死，爸到信用社工作，经常就我和公公两人在家，后来长兴镇那个姑婆来我家帮做点家务，住了两三个月，家里才热闹了些。我记得有一次，天暗得要塌下来一样，雷火闪闪，姑婆走哪儿一步一脚我都跟随着，雷声一响我就紧紧抱住她双脚。她问我，你这是要做什么，半步都不让我走开吗？我大哭着说，我怕雷公劈死我！"

"我6岁时，爸给我娶得一个新妈。我记得那阿妈刚来时很爱我，我也爱那阿妈。但来久了，待我就没以往好了。有一次邻居的姨孃和妈要到太平乡看场坝电影，我想和她们一起去，但姨孃对我说，你妈不要你去的！当时我一下子哭了，姨孃说，好吧好吧，莫哭了，我们带你去，吃完夜饭你就悄悄跑出来，不让你妈关在屋子里。"

"一转眼又是两年,阿妈还没有生小弟,爸爸把她离了。一年后,爸爸又娶得一个新妈。她来那年,我已经9岁了。他们结婚不到两年有了一个可爱的小弟弟,就是你们的大舅,接二连三,没几年有了五个弟和三个妹……"

"前些年,妈去世了,办丧酒得了些礼钱,爸拿了些分给几个妹和媳妇一人置办一套新衣服和银饰作纪念。没喊我,可能是因为妈病重时我说的一些话、做的一些事伤了他的心。我不是她亲生的,又是泼出去的水,爸没考虑我也没什么,反正我也不稀罕那些……"

我刚才说漏了,自嘲为水命的母亲同时还在身体里安装了显微镜,所有往事在她心里,不管岁月再怎么流逝,都能纤毫毕现。

大概就是因为这些,让我笃定地认为:对这个带给母亲无尽苦难,却吝啬给予她稍多一点疼爱的男人,她即使在他安身的棺木前大哭、落泪、无语、发呆……有70%也会是,唏嘘她自己。死亡,让一切都变得虚无和可笑。不管你是以爱的方式爱着、还是以恨的方式爱着的那个人,他不在了,他像一粒水一样在人间蒸发,随之隐匿的往事在你心里春风吹又生,你咒骂,你责备、你发问,你求告,你不甘心,你痛哭流涕,你所有的表情都只能绽放在虚空里。

匆匆忙忙赶到二舅家,在各个帮忙料理丧事的人群堆里,我都没有见到母亲。直到祭师告诉我说,你母亲扯菖蒲草去了,本来是安排年轻人去的,腿脚快点,但她硬要去,说现在年轻人不会扯,她不放心。正说着,母亲回来了,走得汗水淋漓,手里攥着一把菖蒲草和桃树枝。祭司接过,把它们放进了给外公烧的洗澡水里。后来我才明了其中缘由,说是必须得用这种方法烧出来的洗澡水,才能将附着在逝者身上的怨魂邪恶和污浊一起解除,让逝者干干净净地到那边世界去,而菖蒲叶的叶尖指向,必须顺着流水方向。这样的菖蒲叶,才能指引亡魂顺着流水方向,顺利返回他应该返回的地方。

第二天，和大家一起送外公上山安葬回来，母亲和大家一起忙碌，直到把所有事情都料理完毕。席终人散，母亲和我一起回到家中，熬了两晚上的母亲居然一点睡意都没有，仿佛那个永远不会再下山的人，是别人家的父亲。母亲找来手推剪，罩上布罩，让父亲给她剪头发。我看着看着，突然想到母亲喜欢照相，便举起手机给他们剪发的过程拍了好些照片。母亲曾在一次闲谈中对我说过："趁现在人还没老得太难看，多照点存起来，万一哪天人没在了，你们想妈的话，就可以到照片上来看我。"当时我一下子掉了眼泪，却不知道该怎么安慰才正确。

在被手机静止的画面里，我看到时光之水，已然洗白了母亲所有的头发，它们被剪去，被尘埃落定，带着断裂的秘密。而蕴蓄在母亲眼框里的清水，薄如蝉翼，不注意细看真不会察觉，它们向内包裹着瞳孔，向外包裹着世间万物，包括我和我的手机。

环佩声处的娇俏容颜

如果可以——我希望我的文字能散漫着桃色香气，我的叙说能如筝弦缓拨，我思想着的关于松桃的一切，在读者你的眼里心底，也能如一幅幅美丽质朴的绢画——画里隐隐显着清丽和温暖的颜色。

如果可以——我希望我能在一种有苗歌的悠静氛围里，谐尽我心之思、梦之境、意象里的桃城——环佩声处的娇俏容颜。

桃城烟里，环佩声处

月光从镂花的木窗格漫进来，银佩雪样洁白，在女孩身上闪闪漾光，宛若溪流在山涧里跳跃，丁丁零零的环佩声，不时敲打阿妈的心弦。女儿明天就要出嫁了，到另一个有山有水的山寨去，佩带着母亲珍藏了大半辈子的环佩。女儿今天一身嫁衣，模样真美，像极了一朵蕴着幽香的桃花，和自己年轻时一样，眼底按捺着相似的羞涩。

屋里布置得很喜庆，到处贴满阿妈和女儿亲手剪刻的红喜字、红蝴蝶、红鸳鸯，还有红红的喜鹊红红的桃花。女孩静坐在床沿，凝视阿妈忙

059

碌的背影，分明看到阿妈眼里的惊喜和忐忑，还有隐忍在心里未说出的不舍。月光洒在姑娘的身上手上，像纱一样。姑娘红装银裹桃李般恬美，柔荑透着浅浅的红，阿妈戴了大半辈子的银手镯在刚才柔柔地圈住了女儿的双手。手镯有着简单却精致的扭花，很古拙。女孩下意识地抚摸着。

天，就快亮了，她，就得告别了——去另一个寨子另一个家。

窗外的林子开始起雾，月色葱茏起来。红烛里，女孩浅笑如芙蓉。让当母亲的不由得也幸福地微笑了——她们这一代真是幸福呀，可以幸福地在温暖的家里等待，等待情哥哥的迎接，美丽而体面地到那个幸福的地方去。想起自己那一代，女孩们都是怎样一种出离啊，心里一半怀了对阿爸阿妈的不舍和歉疚，一半汹涌着对爱情和幸福的激情，在星月夜，把手交给他，与他紧紧牵绊，穿过山野，跃过田垄，轻悄地如林雀，不安却又勇敢地向另一片天空飞去，叮叮咚咚的环佩声洒落一路，雾水洇湿了绣花布鞋。第二天父母亲那边知道消息后，都会来接女儿回去，但成人之美的心，大凡善良的人都有，何况生身父母？责怪几句，嘱咐几句，最终会成全子女的心愿的，一次大胆的"偷婚"也就在祝福声中延续，开花结果。今天自家女儿是有告而别，但反让当母亲的多了几分心的纠缠。女儿真是自己所见过的最美的新嫁娘呢，胸前佩戴的银锁，是她一个月前请外寨的一个银匠专门为她打制的。银锁上的鱼、蝴蝶、花草的纹样，银锁下的银链、银片、银铃，都像一朵朵鲜活的芙蓉花，把妹崽衬得比水还柔比月还媚。这仙子一样的人儿，是自己的女儿吗？这曾是连着心肝肺肠的一块肉啊，她的幸福和未来，观音菩萨土地公公一定会护佑的吧？

阿妈想对她说什么呢？她该对阿妈说什么呢？阿妈起身出去了，是去张罗客人吧？在这忧欢离合混杂的夜，情思和夜色一般浓稠。女孩倚在床上，想着即将到来的黎明，即将开始的离别，以及即将挨近的幸福，眼泪静静悄悄地画下来，停笔在胸前的银锁上，"叮"的轻响了一下子。

声音很清，很轻，让走进屋来无意间瞥见的阿妈，百感交集。红烛烘亮的屋子,温暖寂静。

烟散了,雾隐了,窗上现出一道浅浅的光亮;眺望处,这天的黎明和以往所有的黎明一样静谧。

突然,一声鸡鸣,又是一声鸡鸣。阿妈的心扯痛了一下。她想,终是要离开阿妈了,我的女儿。阿妈伸出手,仿佛一个拥抱的姿势。移近女儿时,却抬高了手,给女儿整理了一下有些交错的银链。

屋子起了一阵快乐的喧闹,起了一阵雷点般的爆竹声,又起了一阵祝福的嘈杂声,在"之子于归"的朱红横批下。

然后是安静,安静。

烛影摇红,烛光把阿妈映照得慈祥孤寂,眸光迷离起来,泪水化作星星点点的烛光。

晨烟里,浅白的雨雾从黛黑的瓦檐上流泻下来,一层,又一层。环佩声处,一个姑娘,一身环佩,踩着桃花的瓣蕊,幸福地向幸福的地方飞去。

枕着歌声,雨夜失眠

在这有雨的夜,听一种来自苍穹的声音,混合着灵魂的歌低吟浅唱,纵容自己在心碎中迷失。

雨是清灵的,幽郁的,敲打黑檐瓦的声音,是一声声响在心弦上的。没有色彩,看不见画面,黑天黑地里,是一曲荡人魂魄的天籁。雨里歌里,有花与人一道黯然仁立。

歌是带了些沉重意味的,旋律是毫无修饰的,声音沧桑,像雨中鸟儿的翅羽,被暴雨淋得湿漉滞重,被狂风扯得支离破碎,最后带着满身雨星在两个人的心上落定。

似乎是在一片极清润的绿野,有着向日葵的灿烂和玉米花的幽香,还有村寨在远处把眼睛伸长成袅娜炊烟,把她和他窥望。透过叶和花的缝隙,她和他双眸对望,羞涩而又大胆地对望。玉米林是他们最美好的鹊桥,歌声是他们最可爱的红娘;一株野花,一朵白云,一声鸟啼,在他们歌里都是甜蜜蜜的意象。穿过玉米叶的风拂过他们的衣袂,转身时,偷偷把洒落在地的歌声拾撷起来,藏进碧色的玉米林地。

在雨的伴奏里,我听见了吟咏的歌声——

这一生遇你是我的福分
你是那大山飞出的画眉
你的歌声你的优雅谈吐
好比玉米林里的画眉声
我是那向阳的日葵花儿
一天等不起一天的相聚
听你那撼人心魄的歌声
怎么也静不下狂跳的心
……

是久违的,我们苗族的恋歌。宛如世间最温柔的手,用最温柔的动作撩拨心底的弦,所有感动点点滴滴落到心上,荡起涟漪,溅开水花,朵朵转瞬即逝。

歌声是柔滑的翅膀,乘坐着它,我飞进一片红色瑰丽的吊脚楼群,红红的爆竹纸屑飞花般洒在我的脸上。我看见老人的、年轻人的、小孩的,当然还有他和她的脸,都欢欣成了花的模样。甜香的喜酒把整个寨子的男人灌醉,连喜鹊们都忘了停止啼唱。就是此时我听到的歌声,似乎仍有着爆竹的余响——

花好月圆共我俊俏的阿哥

这是我生命中欢乐的时刻
我随心唱出的歌无法归类
我的心中有唱不完的欢喜
我像岸边嘎嘎作响的水车
春暖花开终于挨近了河水
……

　　当我用第三只耳朵贴近歌声，却感觉到歌的魂灵已然浑身湿透——像是他已离去，而她却一直呆在原地淋雨，在夜的深处用歌祭奠他们的爱情。她定是以为，只要她人和歌在这里，他回来了，就能很快找到她，继续给她偎依。但是，只有雨线舞在身侧，既安慰也凌虐——

你是意重情深的男子
我的痴心全被你勾去
到今还没完没了想你
你是棵幼小的树多好
我要把它移栽进院内
围上一层又一层藩蓠
你是十五的月亮也好
我一年也能见你几回
……

　　突然害怕再听下去，这些虽美却太凄的歌句。
　　手抚过已被雨模糊的窗，看见次第盛开的白色花朵。
　　"柳叶随歌皱，梨花与泪倾！"耳边的叹息渐远，渐去，绵延的苗歌的尾音，这么近，那么远。

"十年生死两茫茫！不思量，自难忘！"唱歌的邻人现已是发如雪，以歌话凄凉的她，却再也听不到应和的歌声。

红尘中，爱的最高境界是什么？相濡以沫是一种，执子之手是一种，生离死别后仍念念不忘甚至用一生孤独来眷恋的又是一种，谁能说清哪种最镂心刻骨？我们是红尘中的凡人俗人，我们不一定都能遭遇惊天地泣鬼神的爱情，但又有哪一种爱情能比相守相依更真切，是我们应该倍加珍惜的呢？那种凝重、深沉甚至可以生死相许的爱，是人间至爱，是至美，也是至苦吧。

曲终人无语，耳心回复清寂。雨声之外，仿佛听到天际遥遥传来一缕绝尘的男声，幽幽然在漫天的雨帘里穿行。冬天站在我的窗外，我看见它的最后一片叶子在下坠，风擦过它的身体，那声响就像是我枕着歌声将眠时，在苗歌里听到的最后一个颤音。

桃花陨处，舞魂鼓影

"蒹葭苍苍，白露为霜。所谓伊人，在水一方。"风韵婀娜的桃城像一个美丽而遥远的女子，水草似的在记忆河岸幽然伫立。逆流而上，寻觅她的影迹？走吧，把手和方向交给我，一起去品鉴一出撩人魂魄的苗舞。

从一声鼓点出发，让我们缓缓闭上眼眸，去寻觅一位已走远的红颜。桃花烂漫处，鼓点响，舞翩跹，歌声盈，画面嵌在舞里边。

简单的舞台上，幕，大红的幕布，像句子中的破折号，将幕前的左顾右盼与幕后的凝神屏气隔开，一切蓄势待发。舞的到来，将用一朵桃花盛开的时间。

台上台下扬起了乐声，水声或是鼓声，箫笛声或是其他。当幕布缓缓拉开，一瞬间，有香风平地而起，吸人耳目，夺人心魄，视听刹时清爽。苗家儿女是貌美年轻的，盛装华冠的，举手投足，都是极美妙的语言。

女子身姿秀柔，男子阳刚彪悍，一张张脸在音乐中自然而自信地微笑,肢体自由演绎的,是一种种只可意会不可言传的美。时静时动,时淑时野,时柔时刚,时大气奔放,时巧媚袭人……

一曲舞罢,余音绕梁,心似在鱼游鸭唱的水岸,在野花缤纷山歌烂漫的山野,眼能窥到男欢女爱男耕女织的安祥生活图,心能感应到倍受灾难贫苦后那份不挠不屈的坚忍。

舞有画境,舞得诗意,苗舞就是这般善于将桃城苗民骨子里的一些东西糅合在自己的肢体动作里,令所有观赏过的人心醉神迷,在与舞亲近的同时,不自觉走近一个风采绮丽的民族国度。

如果说桃城是一株花朵飘零殆尽的桃树,苗族的舞者就是那些擅于将花瓣拾攒起来,编连成花环的精灵。

在桃城,还有一种舞蹈不是专业舞蹈演员而是民间艺人来演绎的,那便是花鼓舞。花鼓舞分为多种,儿时印象最深的是男女混合的八人舞,一男一女相挨着整齐而有力地敲打鼓面,红绢带在大鼓周围绽成多姿的火焰。舞姿都极美,好看的程度可以让当时的我们完全忘记咀嚼嘴里的甜果。现在才知,那些好看的姿势都有着俭朴形象的名字——"美女梳头""少女簪花""壮士舞剑""农人插秧""猴子摘桃""猛虎下山""狮子滚球"……

在热闹的节庆日子里,在人山人海的场坝,几架硕大的四面鼓一动不动地蹲在场地中央,像一个巨大的烟花爆竹,等着鼓手来引爆。掌声中,男女鼓手上场了,个个英姿飒爽。跳跃、转身、回击,眼到神到,鼓棒有力地敲在鼓面上,绢带舞动成花,把观众的心神牵进欢乐的海洋,把自个的欢欣表现得淋漓尽致。鼓声咚锵,耳朵被叫醒,随着鼓声渐转激越昂扬,一种豪情瞬间充盈在场所有人的心怀,仿佛也参与了击鼓的队伍,手脚雀跃不已。

在舞台这窄窄的空间里,在短得可以用分秒来计算的时间里,苗舞让我们看到了桃城曾经的倩影——这倩影,随着时间的沉淀而更有内蕴和风韵。在一场人与音乐的共舞中,整个舞蹈成了一种心灵的救赎,铺陈了一片动感而美丽的天堂。舞影鼓声背后,桃城朴实的人们,用舞般飘逸的姿态,用鼓般豪迈的精神,用自己的风格与方式幸福地生活着。

生于斯,长于斯,确实是该骄傲和好生爱惜的,我们的眼睛现在拥有的,是多么珍贵的幸福!

当最后一声鼓点息隐,人散尽,渐近的佳人容颜依稀可见,如在水之湄。慢慢睁开眼吧,河流隔绝了我们的脚步,我们再无法前进。桃花陨处,鼓点隐,舞衣收,歌声落,只有楚国遗落的那一阵清风至今仍萦绕在桃城的舞里边。

男子如松,女子如桃

忘了是谁说的:松桃松桃,男子如松,女子如桃。

走进冥想中的桃城,果真见得城中人美景幽,男子如夏之青松,俊逸挺拔;女子如三月粉蕊,芳香袭人。善良而纯朴的男男女女,在武陵皱褶中,在各自的天地间,用勤劳,用执着,用心灵之水浇灌着生命花树,繁盛成林。

自己有幸成为桃城人,但觉酒后微醉的桃城男子最是有味;一身环佩的女子最为迷人。桃城的酒,至好有茅台,摆放在专卖店或超市里,调侃为"喝的人不买,买的人不喝";较劣的便是一些自酿白酒,两三毛钱一两,因一般小店、小摊子都会有一小坛放着,桃城人都称它"摊摊酒"。几个大男人,说笑间相邀来到小货店,便你一盏我一盏地对饮起来,喝完咂咂嘴,在店里取些免费糖果、泡菜之类的嚼着,又说笑着离去,酒落一地酒香;故友旧交在街头巷尾偶然间遇到了,不是嘘寒问寒,而是一句——走,兄弟,搞二两去!似乎一杯酒下肚,便概括了万语千言。喝摊摊酒的多是些衣色黯淡的市民乡人,朝街上来往人群随便扔个石子都能砸着几个的那种。酒都用不大不小的白瓷碗盛着，一口干，情真、意切、爽快，简单而随意。路过的人稍有留意，便可发现喝"摊摊酒"的桃城男子大多是些中年人，脸上有一层在日子里历练出的沧桑和豁达。几两高度酒饮下，沧桑下去了，酒意上来了，平时不爱说、不想说或是不敢说的话，此时就都敞开了。酒让他们放松，也让他们放纵。醉着的他们，已无力掩饰心理和性格的一些侧面——洒脱的、阴暗的、轻狂的、凝重的、粗暴的、深情的——都被酒渐渐催生出来，然后在晕醺醺中发酵、升华。

在外地人的印象中，桃城人喝酒，两个字——豪爽。没错，桃城男子大多豪气干云，大块吃肉，大碗喝酒，为人做事也如此，图的就是一个干脆，一个痛快！记得有次和一大伙好友聚会，吃饭的时候，因找不到什么器皿调酒，年轻的主人竟找来一个大水盆子，把二锅头、红酒、啤酒、雪碧一股脑儿倒进，调和好了，用大碗舀起，齐说一声"干杯"，一口就是大半碗。到最后，个个醉得一塌糊涂，醉得天真烂漫，又哭又笑，又唱又跳，闹到半夜才散。青春年少的滋味，把酒言欢的感觉，在似醉非醉中，在晕晕晃晃中，品出了真味。联想到"男子如松"这句话，不由觉得酒醉中的桃城男子确似深雪里的松柏，容纳着风雨也抵御着风霜，笑看着寒冷也冷视着寒冷，被酒醉着也享受着酒的醉，在生活里认真过着但也不时会任性地让酒带着身心去生活的远方浪荡一回。

男人如酒，越存越醇。女人如花，暗香浮动。曾见过佩带晶亮银饰桃城佳人的，会真醉在桃花香里。环佩声处，脸儿圆润，五官细致，不着浊色，回眸一笑，刹时恍若三月暖风吹过；杜鹃声处，桃花瓣瓣芳影缤纷，怀着一脸娇羞的女子，在阳光里，清丽如月，柔媚如梦。

总寻思在时间里远逝的苗家女子是温婉可人的，像画轴里的纤纤红梅。做了母亲，便是坚韧果敢的，不然哪有一个民族在苦难中的生生不息？因在记忆中她们都是善歌的女子，便觉得她们拥有的，应都是钟灵毓秀的生命：含野藏蛮，不失柔婉，也泼辣，也刚直，但都至性至情。追忆她们的音容笑貌，就像听着歌想象唱歌人的相貌，品阅着古词在意象里追寻和琢磨作者的心事。她们如苗歌，旋律简单，韵味隽永，一句接一句唱着的，都是动人的故事。

山水的缘故吧，桃城女子都显瘦矮，小巧玲珑，如可爱的邻家小妹妹一般，会让你自然联想到小鸟依人等一类词汇。在桃城街上若看见有恋人走过，女孩子大多挽着男友手臂，有些慵懒的意味，相牵却不显依赖的痕迹。桃城是小城，生活速度属于缓慢的一种，大家过得很随意，这也让城中女人有较多的时间去保养生活和容颜。

也许是因为地处边僻，桃城在外乡人眼中不无蛮野。这种蛮野融合在女人如水的情思里，就是一种敢爱敢恨的泼辣，欢喜得离奇也怨恨得非凡。她要是爱上了一个人，你是千求万劝，多少头牛都拉不回来的，即使那爱错得离谱，她也非爱出个结果或爱到绝望才会黯然罢休；她要是恨你了，就巴不得你出门被车撞死，吃饭被饭噎死，一句"烂悖时的"，又一句"挨刀砍脑壳的"，在心头将你碎成千万段；她在爱你又恨你时，会和你大闹、赌气，闹得你一天不安宁，一把鼻涕一把泪，为你一天把心肠打成了千百个结，真走到分手或离婚的悬崖了，人却无法再绝决。至今无法淡忘和我一起长大的花远小姨说过一句话，在爱上一个全世界都反对的人后，她含着泪说，我知道和他以后多半不会幸福，但要我离开他，我现在就痛苦！而后竟义无反顾地去爱了。后来又听到老家那边爱喝酒的金保舅公说，我晓得我酒精中毒了，但如果连酒都不能喝，活起还有哪样意思呢？话语间，无奈与决绝竟似同出一辙。爱就爱个铭心刻骨，恨就恨个天翻地覆，真像那些三月的桃朵，开便开得烂漫灼人，谢也要谢得天地共泣。

男子如松，女子如桃。还有什么比喻能如此贴切地形容桃城的男子女子？花在树身寄生，花是树的鸟儿，没有花相随的树，即使伟岸，四季常青，常年里瞧着，却也觉着几分寡淡寂寞。树荫让花歇息，树叶是花的臂膀，那些不是开在树上的花，横竖瞅着总觉是一副柔弱娇怜不堪尘埃的模样。男女爱情，在桃城志书中，有着古老时"生要缠来死要缠，不怕雷打在眼前，雷公要打一齐打，阳间打死阴间缠"的经典恋歌，自也有今天如桃花般凄丽的诗句——

　　青鸟，青鸟，青鸟/青鸟已飞过/在这花蕊泣血的日子/只留我在桃源孤城/拈花一鞏/花不语，人自销魂/你一定是暂时独行/去了远方/我就在这/在梵唱里永世的等/花开花败两茫茫/不思归路

　　我的叙述完毕——这些意想中、现今已藏掖的场景和画面，都请读者你别太惦记。很是担心怀着一份迫切心情的你在走进桃城后，会对她万分失望，而后甚至对我的文字产生怨恨，认为我虚伪的别有用心的欺骗了你。不想说那都是海市蜃楼，因为如果不是真实的清晰的存在过和存在着，我想我纵是驰骋想象，也写不出这些关于桃城的一切的一切。就如不是真的爱着，永远不会流爱情的泪。心之思、梦之境、意象里的桃城——环佩声处的娇俏容颜啊，在我心中永远、永远是一个美丽的会实现的童话。

你听！烤茶在唱歌

邀

请你，在冬日里来，在飞雪如花的冬日里来，我便与你一起去听茶儿唱歌。

别在芳菲暮春时来。那时茶香正烂漫，是采菜制茶的好时节，我得去山上采茶，采最合适制成烤茶的茶。如果你偏来，我们便一起去采摘。青山碧水间，你或许还能邂逅一袭艳色衫子的采茶姑娘，小脸儿参差融进茶蓬里，与娇叶嫩芽相映，分外灵秀。对了，茶性易染，你一定记得洁手修甲，不食葱蒜，莫辜负了那满天满地的嘉木幽香。

别在炎炎盛夏时来。既是烤茶，你要听她唱歌，可就得在烤中聆听。那时酷热难当，不宜起炉生炭，惹一身汗渍。如果你偏来，我们便一起去闻茶。捻一把毛尖或翠芽在指肚或掌心，亦能消暑清心。品有三口，口即窍，人有七窍，两眼两耳两鼻一口，舌尖有茶，眉间有茶，心上有茶，望闻啜饮皆能亲近。

别在繁郁金秋时来。那时五谷芬芳熟透，皆是香诱，你定不能静心烤茶品茶，也难分辨哪是谷物鲜馥的香，哪是烤茶幽郁的香。为在最佳的时间最美的地点等待最好的烤茶到来,请你再耐心等些时候。如果你偏来,我们便一起去山高路远的地方看制陶的农人,看烤茶必须用到的砂罐,是如何在制陶人粗砺的手掌中一只只诞出,又是如何涅槃重生。

你一定极纳闷,为何偏邀饮于肃冷冬日呢?其实前三季未尝不可,只是烤茶如梅,踏雪寻得更见情致些。你来的途中,可跟着我的叙述作些想象,或许便能些微体会我的良苦用心:几个大大小小深灰色或紫檀色的砂罐,一个铁制或铝制的小水壶,一些儿土陶杯,当你与我,或三五个友人,围炉烤茶赏雪,月琴声起,一阕小诗定然涌上心头:

> 绿蚁新醅酒,
> 红泥小火炉。
> 晚来天欲雪,
> 能饮一杯无?

且把白居易诗中描绘的美酒新酿换作了手中烤茶,雪夜邀饮的温馨,火畔夜话的雅致,却是一般无二的。

谁谓荼苦?其甘如荠。

歌

掰着手指头细数着日子,可终于盼来入冬了、下雪了,炭火暖暖生着,想喝茶的心禁不住地痒——如约而来的你,又会怀着怎样的情思呢?

在云贵高原的某个茶庄或某个村庄,柔荑葱指或粗臂茧手拈起玲珑砂罐,在火上旋转画弧的样子有说不出的优美、静和。

罐身暖了,湿气没了,你可看见,一小勺采自春天的毛尖灵巧地滑入砂罐之中,碧色的微烟袅娜升起。

你听！烤茶在唱歌。轻轻的，柔柔的，仿佛春花破蕊的声音，伴着蝶舞莺语，还有暗香浮动；仿佛夏荷露角的声音，没有蜻蜓早立，唯见叶碧水滑；仿佛落红坠地的声音，本来多情护物，所以从容淡定；仿佛白雪消融的声音，一点点渗进大地，化作流水潺潺……歌声是如此的美好，让奔波了一年、劳累了一生的人们笑靥如花，不知道自己的平常生活其实也是这般风雅的事。

是时候了，茶正好，水正好，你可听见，"滋"的一声脆响，这次滑入砂罐的是刚刚煮沸的山泉水。

你听！烤茶在唱歌。悠悠的，润润的，仿佛一个东边日出西边雨的午后，橙色阳光被大地接住，在天边潋滟成虹；白色雨滴在半空被接住，跌落、开放在柔软的掌心。我们站在青黛瓦檐下，温润的阳光轻拂我们的脸庞，涓涓的微风吹起我们的衣袂飘飘。抬眼望，白云出岫，鸟声缭绕，一切都在阳光下做着碧色的清梦。

啊，这些可不都是歌中所有？

歌声偃息处，我们看见了恬静的灰，飘摇的红，羞涩的青。

幻

是眼耳鼻舌身的芳宴，是浴火重生的惊艳，烤茶，这样的品茶方式，幽闲，静宜，现代的我们，怕已是离得久了。你与我说，从来看到的茶，都是在水中苏醒、盛放，仿佛童话里温柔多情的王子唤醒了沉睡中的公主，却不知，茶在罐里，俨然是茶与土的恋爱。

如果你喜欢听，我愿意就从你的这句话开始，一边幻想着，一边为你导演一部关于烤茶的爱情微电影：

一个女子叫茶。

一个男子叫土。

他俩青梅竹马，两小无猜，在土的守护中，茶渐渐长大，出落得亭亭玉立，每每迎风歌唱。然而，命运之手伸出，茶一朝离去从此杳无音讯。至爱茶的土，为了找到昔日的恋人，历经了千般劫难，而后幸运地拥有了较高贵的身份，和"砂罐"这个漂亮的名字。可惜，当他再次遇到茶的时候，茶的生命已经枯萎，娇颜黯哑。土再次拥茶在怀，决绝走向狰狞大火。

这是一种惊世骇俗的爱。

当命运之手再次伸出，人们看见，茶在砂罐温暖的怀抱中苏醒，与砂罐一起浴火而歌，一如他们青梅竹马之时。谁也无从得知，姓茶的女子会在爱人的怀抱中获得绚丽的第二次生命，还是在熊熊燃烧的烈火中香消玉陨！？

一场虚空的电影闭幕，我为它设置了一个开放式的结局。你别恼，我会笑着，为你端上一道烤好煮好的茶。

而真实的生活，会在烤茶的歌唱中徐徐启幕。

回

从远古到眼下，在一个个飞雪如茶的夜晚，在这样曼妙的歌唱中，定有无数你我曾围炉夜坐——我生火，你备具，我烘罐，你炙茶，你时抖时拍，蜻蜓点水般拭着砂罐的温度，我时吹时嗅，蝴蝶绕花般采着茶叶的香气。窗含疏影，馥香盈盈，你冲水，我拂沫，你煨茶，我出茶，你敬茶，我们脉脉相看，神迷心醉。

茶的青烟，水的蒸气，火的炽烈，心的碰撞，情的纠缠，在你我掌中之罐交织；我们食着人间烟火，生活草木般清宁，多少喜怒忧惧爱憎欲，我们煮成茶水一罐，带笑而饮。

你与我，就是在古老大地上，在悲欢岁月中饱经忧患的爱茶人，凭借清茶一杯获得一点点入心入骨的暖——世事够炎凉，幸得有茶，不咸不淡，不甜有腻，涩后回香，香入骨髓，陪伴着你我一天天坚强而美好地活了下来，并将这样继续活下去——你与我，也是那世代居住在云贵高原上的人们，3 000多年了，我们一辈接一辈地烤着罐罐茶，从蓬头稚子烤到白发三千。比起其他的茶，烤茶带着更加炽热的暖，更加绿润的香，一日三餐，一口烤茶就一口烤洋芋或一块荞酥，我们烤着、品着，再萧索的日子，便也"睡起有茶饥有饭，行看流水坐看云"，无比恬淡静好。

仿佛轮回转世的人，躯壳万变，魂灵不灭，现世的你我，身上流淌的血液，一半是血，一半是茶水。你我忘不了烤茶，喝了孟婆的汤都不会忘记。于是，你我重制砂罐，重烤香叶，同时变火为电，换炭为炉——现代城市中的你我已经很少也无法用炭火烤茶了，但你我知道，这并不能让我们因此远离、遗忘罐罐茶，相反，我们前所未有地需要它，同时期望更多的人与我们一起，享受到幸福的烤茶时光。

远处，烤茶的歌声隐起。继续聆听它的歌唱吧，享受一种愉快的倦怠，体悟一种健康的麻痹，我们暂时远离汹涌的人海车流，暂时停下日以继夜的奔波忙碌，整日浮躁的人们所追索并向往回归的慢生活，在这刻，你我轻松获得。

此刻，我愿意相信，匆走的时间老人有时也会变身一位慈祥的母亲，在调皮好耍的孩子面前，带着宠溺的微笑蹲下来，和他们一起看一群蚂蚁搬家，或一朵鲜花盛开。

诗

你我就这么在草墩上静静坐一会儿吧，茶叶已烤好，茶杯已在握，茶歌正绕梁。

贪恋了太久的荣辱得失暂且抛开和忘却，疲惫了太久的躯壳心魂得到抚慰和安放，所有的目光都交付一个小小砂罐，只待暖茶入胃洗心，换一个清亮纯净没有一丝污垢的灵魂。

过去,唐朝诗人元稹写下一阕《一字至七字茶诗》:

茶。

香叶、嫩芽。

慕诗客、爱僧家。

碾雕白玉、罗织红纱。

铫煎黄蕊色、碗转曲尘花。

夜后邀陪明月、晨前命对朝霞。

洗尽古今人不倦、将至醉后岂堪夸。

现在,送你离开之前,乐意为你轻唱一遍我仿着这精妙茶诗,写给烤茶的"一字至七字":

茶。

饮风、颂雅。

解轻愁、生思遐。

爱茶且烤、百姓人家。

高原生烟翠、香炉焙芳砂。

火起轻转婀娜、水入旋绽青花。

美醇厚滑流年度,还笑看冷落繁华。

寨子里的妹妹崽娃娃崽

　　以前周末闲暇的时候，总爱回老家苹罢苗寨住，穿行城乡之间，累并快乐着。老家算不上俏美，但自有一种清秀的韵味，让我舍不得久离。小河淌水，翠竹袅烟，歪歪扭扭的古枫下，肥大臃肿的草垛旁，总有些妹妹崽娃娃崽三三两两聚在一起嬉戏，惹得我羡慕到心尖尖疼，总觉得那是小时候的自己。

　　回到家里，阿妈自然欢欣得很，总宠着不让我干杂活、重活，于是守小卖部便理所当然成为我一天的简单任务。

　　说是小卖部，其实也就一间砖木结构的小屋，零售些日常生活用品。一年过春节，阿爸诗兴大发，给它贴上一副自创的对联："柴米油盐酒药酱醋应有皆有，春夏秋冬阴晴雨雪随叫随开。"因为设在寨子中心，很是方便了寨里人，对于那些齐我腰边的妹妹崽娃娃崽来说，小卖部是充满无数诱惑的乐园。

　　妹妹崽娃娃崽们痴迷小店的程度，我在守店的第一天就领教了。太阳都还没醒来呢，他们就已"三顾茅庐"，稚嫩的童音怯怯地呼唤，断断续续却异常顽强，不达目的不肯罢休。其实也怨我周末喜欢赖床，这样也好，太阳晒不到屁股上了。他们总是唤我阿妈为他们开门，我不常回来，

076

他们以为是我阿妈睡在店里。开了门,他们会很高兴地说:"是丫丫(苗语里"阿姐"的意思)啊,你哪个时候回来的?"我定眼一看,不由得就笑了,一张张小脸脏兮兮的,到处是鼻涕口水涂画出的印痕,唯独眼珠珠水洗般清亮。

渐渐地我熟悉了这些妹妹崽娃娃崽。他们大都穿着好似大半个月未洗的衣裤,手指甲黑乎乎的像刻意涂上去一般;攥着一两毛钱,在柜窗前要瞅上大半天,才会肯定地说要买哪样,而那些颜色鲜丽且便宜的小吃通常会幸运地被选中。买得了,蹦跳着跑出店门,与同伴们一起分享。独吞的也有,但极少,寨里基本没有独生子女,买得东西的人自然得分哥姐或弟妹一份,不然吵将起来可就没完没了,弄不好还会遭来一顿臭训。这些崽崽们大都会聪明地逮住阿爸阿妈来买东西的时候缠着要上一两样,他们知道在那时求讨大多能如愿以偿,而大人一般也有求必应,一来有零钱,二来看着那张仰在自己腋窝下可爱的小脸,谁不心疼而纵容一下?讨得的,欢天喜地,立马在店里饱餐一顿,嚼得嘎滋嘎滋响;顽皮倔强而不能遂愿的,一求二缠三哭四闹,可是他们百试百灵的法宝。也有最终没讨得的,被阿爸或阿妈拽着离开了,眼睛却还巴巴地,脖子向后回转扭了又扭。为人父母的也不能总惯着他们,农村人的手头又有几个是宽裕的呢?

崽崽们即使不买东西,也爱流连在小店边游玩,捉迷藏,跳绳子,弹玻璃弹珠,折纸飞机,扇小纸牌,下三步棋,做他们喜欢的各种游戏,有时也会蹲在我身旁,让我给他们讲讲书上的故事,大大的眼睛盈满敬慕。崽崽们虽然穷、脏,心思却极其干净,我偶尔因人多疏忽补错他们钱,他们会自觉地退给我,然后一副骄傲的样子一颠一颠跑回家。有时会想,不知是谁教了他们呢,老师?父母?或许也得益于寨子清灵的韵气吧。守在小店里,看着他们蹦跳而来,看着他们衣着寒酸面容幸福的模样,再看着他们纤小的身影蹦跳着离开,连清晨的阳光也尾随他们而去,心头涌上的,有妒忌,也有怜惜。

妹妹崽中最不爱说话的小女孩是路路,常常也爱在小店周遭闲逛。路路小时得过一场大病,家里没钱带她去县城医院动手术,乱吃些草药,病好后,人也几乎废了,到七八岁还说不清楚一句话,小脸苍白得没有一丁点血色。每次阿妈进得新货,她都要在柜窗前瞅上半天,但从不吭声买什么。记得有次她实在没忍住,指着说要包糖豆豆时,我问她:"你的钱呢?"她摊开小脏手,什么都没有。我告诉她:"你没带钱,丫丫不能拿给你,回家叫阿妈给你钱再来好不?"她没有作声,抿着嘴走了。看着路路孑孑离去,一时间竟恨自己告诉了路路一个残酷抽象的概念。可怜她那笨笨的脑袋瓜,自此便烙上我冷漠无情的话语。那些薄薄的纸片儿就是那样神奇,手里没有它,就拿不到自己想要的任何东西。后来,路路仍爱看,但绝不开口要了。从没见她的父母为她买过什么,大概因为她是个白痴吧,不情愿为她破费,更别说宠爱了。只是她既然已生到这世上,好活赖活,不让她饿死便是。路路排行第四,上有三个姐姐,下还有一个小她两岁的弟弟,她那个弟弟倒是经常来买东西,但从未分过半份给她,她也从不曾仗年纪大去抢他的。有时我看着都有些寒心了,就悄悄地拿出点小吃递给她,她急急接过,什么也不说,三下五除二吃完,就甜甜地笑了起来,单眼皮眼睛笑眯成一条线,苍白的小脸起了点点红晕。我极爱看路路嘴角微扬的样子,完全没有半点弱智的迹象,所以只要阿妈不在店里,她来了,我大都会偷偷拿出点小吃,轻轻地放在她的手掌上。

娃娃崽中极少来小店买东西的是笑笑。他阿爸阿妈是勤快人,每天早出晚归侍弄坡前坡后的几丘田土,笑笑一大早就屁颠颠跟着大黄牛的脚板印跑。有天傍晚,笑笑急匆匆地来小店向我问药,说是大黄牛生小牛阿黄后没得七八天,竟生了种怪病,肚子像被打气枪似的一天比一天大。我之前也听说了这事,乡亲们把这种病形象地叫作"馒头疯",言下之意再壮实的耕牛只要摊上它,都会像一块疯狂的馒头那样发酵、膨胀,最后溃烂死亡。"丫丫，你看过好多好多书，救救我家的大黄牛好不好，它要是死了阿黄就没奶吃了"，笑笑说着说着，簌簌落下眼泪。我说："笑笑莫担心，总会有办法的，我也不懂药，你在这里等我，我马上去喊我阿妈来给你家大黄牛配药"。很不幸，一个多月后笑笑家的大黄牛还是死了，但笑笑担心的阿黄顽强地活了下来。听说笑笑和他阿妈每天把生米用慢火炒熟，然后用磨子推成细米粉粉，加水煮成稀米糊一碗一碗喂阿黄吃。还记得有次笑笑赶着阿黄从店前过，笑笑喊，"阿黄，往左！"阿黄果真的拐弯往左。笑笑喊："阿黄，站住！"阿黄又乖乖站住了，竟像能听懂笑笑的话似的。可惜笑笑的阿黄最后也随那个只给它七八天奶水吃的阿妈去了，寨里有人看到它本来好好地在坡上吃草，后来不知怎么跌到峭壁边，两只脚死命地揪住树根滕蔓扒啊扒啊，挣扎了大半个小时还是没能攀上平地，最后无可奈何跌下深谷。阿爸带笑笑来买东西我才知道，那天阿爸破天荒给笑笑买了一袋彩色气球和几大包薯片，但还是没能让一脸泪痕的笑笑乐起来。

前不久有事回了趟老家，在替阿妈守小卖部时，发现柜里卖的小吃已不是往日畅销的那些，时而来光顾小店的妹妹崽娃娃崽，面孔已多显得新鲜。问起那些我熟悉的崽崽们，阿妈说，那时你还没结婚，现你都快有自己的崽崽了，他们肯定也长大了嘞，都读小学四五年级啦。又想起路路那张笑起来很好看的脸，便问阿妈："路路还经常来不？"阿妈说，"我也是好久没看到她来买吃的了。"

紫色花事

　　身子多年寄生在城市，筋骨里却仍剔不掉那丝顽固的泥土气，作为两栖人，我的爱与憎在一盆花面前就会完全曝光。那一小捧的绿，一小簇的红，在我看来，再金贵稀罕的盆钵都掩盖不了被拘羁的惨淡。可又不得不养，权当聊胜于无的惦念和祭奠，每每看到花店里被拦腰斩断的百合、玫瑰、康乃馨、富贵竹、满天星，总不由得想起乡下老家那些可能无名无姓但都有魂有气的花，一丘丘、一片片、一团团，在属于它们的领土倾尽一生热情，开得热烈欢快，如云如海。

　　忆起乡下老家那些花儿，又怜又爱的莫过紫云英。

　　在草罢苗寨，紫云英的苗名叫"阳雀"。阳雀同时是一种能把春天叫醒的小鸟，紫云英要开不开，它就满寨子叫着"桂桂阳，桂桂阳……"。乡亲们以"阳雀"来给这种花命名，可能觉得它是一种能把大地唤醒的灵物。

　　春暖花开的季节，刚刚沐浴过春雨的土地上，馨暖的阳光轻柔地泻下来，紫云英便开始在山坡上、田野里、河流边，在每一寸有泥土的地方，为土地为播下它们的人们绽放美丽。千簇万朵的紫色小花，迎着乍暖还寒的风,摇曳在刚刚复苏的大地上,宛如披了一件梦的衣裳。茎细花小的紫云英,被乡亲们宠爱着,给它取这个几乎能飞得起来的名字,在我想来再合适不过。满眼亮闪闪的绿和紫,也不知是春色照亮了它们,还是它们点亮了春色。

记得小时去田边山上割草放牛,看到紫云英花开,总会痴醉于它的颜色它的花朵。在那一片春天刚刚莅临的田野上,淡淡的一层紫雾迷迷蒙蒙地笼罩着,天是紫的,地是紫的,草儿牛儿也是紫的,人也恍若在梦境。一直要等到再次听见牛儿有节奏地嚼着嫩草的声音,感觉到它粗重的呼吸里吞吐着草木的香气,才会慢慢挪移回现实。但那时一到4月,心就开始害怕,紫云英告别的方式太过残忍和悲壮,以至让我总不敢与它们去作最后的告别,却又警告自己快点去见它们最后一面。终于见到了,在那些翻犁过的田地,我心爱的疼爱的紫云英大片大片扑倒在浑浊的泥水里,再不复往昔的姣好。这时,它们往往会顽强地从泥水里探出头来与我告别,不伤不怒地告诉我:我们从土里长出来,现又要回到土里去了。

乡亲们都喜爱紫云英,紫云英好啊,能肥田,能带来一年的好收成,还可以炒糕饼吃。现在回过头想,我们这些人可不就是一棵棵紫云英,安静、普通、不起眼,短如一瞬的一生开在土地,败在土地,最后在土地里永远歇息,我们对紫云英的喜欢何尝不是在喜欢另外一个自己。

想起一位老人,从我记事起就一直一个人住在寨子里的老人。我辈分小,尊称他为太阿公,他的本名是什么一直不知道。听阿妈说起过,他年轻时候有老婆有女儿,爱喝酒,脾气丑得要命,哪会像现在只要见着个人就绽开天麻叶般的笑。他喝酒后脾气更丑,后来发展到一沾酒就手脚发痒要打人踹人,也不管他的老婆和女儿们喜不喜欢,反正他不喜欢她们。他想打就打,只要他高兴,他就打;不高兴,也打。有一夜,他梦到老婆流着泪对他说:"我知道你想要个娃崽,我生不出来,你另外娶一个吧,我走了……"他扬起手,准备又打,却突然醒来,原来是梦。梦醒后,发现老婆确实走了，家里什么东西都还在，碗柜上搁着几包紫云英籽。那时正是播撒紫云英的时候，他们家分到的责任田不肥，每年老婆都要在田里撒一大片紫云英，好让稻谷长得肥鼓一点。他在一次大醉后，再没喝酒，也不敢喝酒了，寨子里的人都说他再喝铁定死在酒罐罐里。那几个被他打大的妹崽嫁人生子后，会在农忙或过节回来住一两天，帮着他在田间把紫云英籽满片满片地撒，花开了，他黑黄阴暗的脸皮会显出点点暖色，等田间的紫云英差不多开遍，便赶来牛，架起犁耙，将它们犁进土里。老人后来在一次犁地时猝然死去，从此与土地与紫云英为伍，名字也很少再被人念起。紫云英一年一年芳香如故。

寨子里还有一个人是我时常会想起的，叫凤凤，身子骨细柔温弱，如果人的目光能变成CT透射血脉和骨骼，我会想她的血应该是紫色的，而她的骨髓应该像紫云英的秆一样绿得发嫩。父母亲是近亲联姻，但生育的孩子中，个个健康可爱，唯独她痴傻。10多岁了，脸蛋小小，肤色白白，经常会没目的没内容的笑。在一个春风微拂的早晨，凤凤搂抱着一大堆乱蓬蓬的紫云英，一身灿烂跑到我面前，塞给我满怀芬芳。不知怎么，这一大捧紫色的小花朵竟在我心里洇染成一大片忧伤。我叫凤凤在我身边的小矮凳上坐下，"来，姐姐教你一首歌……"我用我所用过的最缓慢的语调和最轻柔的声音教这个女孩唱歌——"我是一片紫云英，一片平凡的紫云英，在春天的阡陌里，我如同那天空里的浮云……"凤凤没跟着唱，只是安安静静地听着，笑靥如花，开满不可名状的幸福。

凤凤从那时开始和我一起喜欢紫云英，不时有人看见她在紫云英地里游走，嘴里哼哼唧唧唱着什么，即使是夜晚，也有人撞见过她戴着紫云英扎成的花环，佩着紫云英串连成的长耳环，像一个流落人间的懵懂仙子。大家摆谈完后总会拖出一句叹息作为尾音：可惜噢，多好的一个妹崽啊……

十多年后，成年的凤凤仍像五六岁的孩子一样不谙世事，经常和些穿开档裤、夹尿不湿的孩子们一起上山掏蚂蚁窝，下河扔石头。不时还会看到她高擎一根细竹竿去稻田粘蜻蜓，竹竿尖尖上缠着一缕又一缕黏黏的蜘蛛丝，身后一大帮五颜六色的童子军。那是我小时常玩的游戏，清早时蜻蜓的翅膀被露水打湿，停在稻禾上飞不了，只要把粘满蜘蛛网的长竹竿悄悄挨近它身子，粘住它的翅膀什么的，一只漂亮的蜻蜓便乖乖就擒。凤凤鹤立鸡群般走在队伍最前面，一路摇头晃脑，意气风发。

父母亲担心凤凤嫁不出去，没想老天自有安排。太平乡那边的树湾寨有个哑巴看上凤凤，请媒人来提亲时，凤凤还趴在乡村幼儿园的窗台上，眼睛扑眨扑眨地听孩子们齐声唱："太阳当空照，花儿对我笑，小鸟说，早早早，你为什么……"

摆花缘酒席那天，父母亲特别担心凤凤不肯跟迎亲的队伍走，弱智的女儿一旦撒野哭闹起来，就让全寨人看笑话了。没想到凤凤很顺从，把手交给新郎倌哑巴，兴高采烈地坐进婚车里走了。

我还记得，当时田野里的紫云英早已融进泥土成了绿肥，山野仿佛在一夜间，齐刷刷站满金黄色的油菜花。

就在前年，葺罢寨连接县城的小马路准备拉直扩宽成迎宾大道，马路边的田土全部列入被征范围，乡亲们再没心思播撒紫云英。清算起来，金银舅公应该是全寨子最后一个走过路边那片紫云英地的男人。金银舅公离开时53岁，在他53年之长的生命河流中，泥沙俱下，从未淘出点金银财宝，实在辜负了父母给他取这个名字时的良苦用心。他的老婆是沿着以前小马路第一批走出寨子的人，像只没喂熟的野雀挣脱樊笼一去不回。有人说是被人贩子卖到很远的地方，想回回不来；大部分人说是重新嫁了户好人家，日子滋润，不想再回来。金银舅公一直没再给我们找舅婆，他想不想再娶或者能不能再娶到舅婆我无从得知，总之，没有老婆也没有金银的舅公把自己的日子硬扛到了53号站台。他除了爱喝点小酒，就是爱他成绩优秀的满崽，他郁闷地生了四个女才有的独苗苗。

金银舅公喝的酒是我阿妈家小店子卖的高粱酒。我没有看到他是怎么一天一天把自己喝成酒精中毒的，但从某种逻辑上来说，我家的小店确实不时在助纣为虐。我们经常喊金银舅公少喝点或莫喝，不是因为他经常赊账，而是担心他有朝一日喝出大问题。

金银舅公没事爱呆在我家小店玩，店外人来人往特别热闹，金银舅公是嗓门大、龙门阵多的顾客之一。打从他酒精中毒后，说话颠东倒西翻来复去，便只有我是忠实听众。我的忠实不是因为我喜欢听他磨叨，而是我必须看守店子，就像一个沉默的垃圾箱，不能移动，所以不管什么垃圾都得全盘收受。金银舅公总爱唠叨，不想活啦，不想活啦，活着有哪样意思，早死早投胎。我初听到这话时非常紧张，赶紧劝说他好好抚养他满崽读书，读出头日子就会好过些。后来耳朵听起茧子，就由他自说自话了。

同一个问题，一万个人有一万种回答法。53岁的金银舅公向我满叔妈说起想要死的事情，我满叔妈的回答是：你想喝敌敌畏还不如去撞车，简单干脆，又还可以得些钱留给你家满崽好好读书。

我满叔妈说的是玩笑话，在场所有人都可以作证，同时可以举证她平时说话大大咧咧，在寨子里排行数一数二。可没想，金银舅公真听进去了，他53岁的大脚丫在某天下午稳稳地踩过经他播撒出来的那片紫云英，径直向新修的大马路决绝而去。人们最后看到的画面是，金银舅公说不上是笨重还是轻盈的身子铅球似的弹蹦了一下子，在半空中画一道弧，然后无声无息地滚回他刚刚走过的紫云英地。

金银舅公死了，我家小店自此再没有喝酒赊帐的人，我这个垃圾箱也自然下岗。人来人往仍很热闹，金银舅公撞车的事一度成为全村新闻联播。有人说那个司机赔得倾家荡产，把车卖了抵债；有人说那个司机心眼特别好，当时金银舅公旁边根本没人，完全可以一走了之，但那个司机却下车把他抱到医院，可惜还是没有抢救下来；也有人说那个司机没什么事,金银家满崽得的钱全部是保险公司赔的。

对于这场车祸,我们寨子里的人都心照不宣,传内不传外。他们都认为,司机并不是肇事者,金银舅公才是。路边那片紫云英,羸弱的身子无法承受金银舅公笨重的躯体,全部呛死在他发乌发亮的血水中。

这事没过多久,几台挖掘机开始不分白天黑夜地攻村掠地,河对岸的田野像紫云英一般,还没把春天过完就枯了,然后很快被山一样的沙石填埋。乡亲们稀稀拉拉站在河这一边观看,不时指指点点那几只悚人的铁手臂,临了像前些年摆谈凤凤那样陈列出一句叹息:可惜噢,多好的一片田土啊……

现横穿我们寨子的大道已经修好,我不时也会驾车从原先开满紫云英的土地上轻快辗过。如果不是因为重新整理这些文字,我想我也会像嫁出去的凤凤,像去往另一个世界的太阿公和金银舅公,把曾经那么疼那么爱的紫云英彻底抛在脑后了。

这些紫色花事,真的是旧了。

烟薰了我的眼

清明节，印象里总是一大片一大片的湿雨，飘零得有些凄清。

湿淋淋的天气里却偏兼寥寥明晴，直教那山前屋后桃的粉犁的洁都教人有些措手不及。离离烟草，绿绿风絮，梅雨里，黄土里油菜花一畦连一畦，像满天阳光倒在地上沉睡不起。

总是如此吧，老天爷没有我们想象的那么好，也没我们想象的那么坏。一切布景似乎都是为了让这个与死亡有关的节日，不要过得那么悲凉森冷。

那几日里，从清晨开始，到斜阳黄昏，在烟雨袅袅的林野中，在泥泞难行的山径间，总有人影寂寥，或三五成群，在青冢间来回游行。偶尔炸响的鞭炮声，都似比往常降了好几个调，哑哑的。

清明节将临，蜗居于桃城不时听到让人不快的消息。望见熟悉的或陌生的名字不时出现在电视屏幕角边的讣告里，心上也开始起雨。叹去年扫墓之人，今年却成墓里之魂。近日单位有位同事也在亲人朋友的眼泪和叹息中永远地离去，人生正是壮年，事业正是大有可为之时，儿女正是如花似玉的年纪，却已都撒手遗弃。在他离去不久后作为打字员的我重新修改和整理机关电话号码簿，当我很简单的一个动作就将他的名字及所有联系电话从电子表格里删去的时候，心头阵阵酸楚。平常生活里的一个人去了，他的很多东西包括一些与之有关的数字，我们都会尽快地深藏或让它们灰飞烟灭，那都是些伤感而又可怖的印迹。

一直还记得小时和房族亲戚去"挂清"的情景。

大人们背竹篓，里面装些香、纸、酒、肉等之类的扫墓用物，年幼体小的我们便负责拿大家唤作"清飘"的细长镂有孔的纸条。村里人"挂清"不兴花。那些洁白或淡黄色的"清飘"被我们用细竹竿高高擎起，在风中忽左忽右地飘摇。

到老祖先的墓地了，在大人指引下，我们扯下几缕"清飘"，几大步爬上墓顶，将柔软的白纸条小心翼翼地缠在墓顶的枝丫上。大人们的祭扫则一丝不苟：给坟茔铲除杂草，添加新土，供上祭品，燃香奠酒，嘴里喃喃念叨，神情肃穆。

那时的我们还很小，我们只晓得墓土埋压着一个人的身体，而他的魂灵应该在天上游荡。他看得见我们，还会来享用食物，把纸钱拿到冥界去花，然后保佑我们平安喜乐。睡在里头的人年岁太大，辈份太高，我们绝大多数不认识，更不知道他活在人间的时候做过些什么事，和自己除了血缘、族缘之外还有怎样的干系。那时在路上看到别人家坟顶上挂的彩色"清飘"好看，还会悄悄溜过去，扯下了挂在自己的竹竿上，一路奔跑着将它们挥舞炫耀。

那时的我们，真是太小了，我们中没有谁明白那些被远远落在身后的一丘丘土坡暗喻的东西。印象最深的是，那天的烟雾特别薰人眼睛。

现在想想，正如古人创生的"坟"字，原本就是一处文静的土地，温文安静地包裹着我们的亲人。可我们确实被欺骗了，它一点都不温文尔雅，拆开它的横撇竖捺，俨然一个化过妆整过容的"凶"字。

"古墓花影白杨树，尽是生死离别处。"

"十年生死两茫茫，不思量，自难忘。千里孤坟，无处话凄凉。"

字字句句，初见时毫无感觉，越是长大越觉得触目惊心。因为出嫁为人妻人母了，按乡俗就不宜再回老家挂清祭奠，而后年年陪同爱人孩子到他们乡下老家过清明，旁观他们或是自己燃香焚纸，在彼此陌生的沉默里凭吊祭奠，墓里墓外，相顾无言。世界上每天都有各种人以各种方式离去，那隆起来的坟，那立起来的碑，是遗留人间的最后姿势和相对永恒的居所。生者总是会不断地转化为逝者，在观望的过程，我们中也不断有死亡，不断有新生，如此轮换接替。

前两天，和朋友玩类似"真心话大冒险"的游戏，朋友问我："你最害怕的事情是什么？"我脱口而出："最怕亲人生病。"

不知他们懂不懂我的言外之意：最怕亲人离去，最怕清明的祭扫里，终将面对这样的场景，一声弱弱的呼唤，在墓碑前是冰冷的静寂。

你我是葷罢苗寨的一对母女

你4岁,我负30岁

一个叫葷罢的小苗寨,在1956年农历九月廿九日这天听到你来到人世的第一声啼哭。

26年后,我才从阳春三月里挑了个好日子落地,哭声在站满枇杷树的葷罢苗寨上空荡漾。"葷罢",就是苗语里说的"枇杷"。

这就是你和我了,你和一个我敬称阿爸的男人给我精血骨肉,让我们得以成为人世间众多母女中的一对。

婴儿的第一声啼哭大同小异。没有嫁去别个寨子的你后来对我说,婴儿落地号啕大哭"heab——heab——"(苗文),哭声与苗语里的另一个词同音同调。这个词在汉语中找不到与它完全对应的词汇,接近"害了——害了——"的意思。

"人到世上是受苦来的"。我后来初见这句佛语,才明白你早在我少年时就已用桃城苗族的语言和方式为我揭示。

关于你的童年和青年,我借助于你的手稿得以窥见。

089

你读到高中，这在当时农村极少，得益于在信用社工作的阿达——你的阿爸。你还当过两三年的代课老师，是当时的"知识妇女"。

我常想，如果你我对换时空，如果你能很好运用汉字，你的文学创作一定比我走得远走得好。文字都不必过脑斟酌，怎么想就怎么记下。常听寨里人笑着对我说起你："你阿妈那个嘴巴啊，小时候我们到坡上放牛，她经常给我们摆故事，我们一个个听迷了，牛把人家一丘的麦子秧秧吃光了都还不晓得。"

继续说手稿吧，那年你大概忧虑于自己记忆力减退厉害，便想到要给你的儿女写这么一封信。长年没看书写字的你，很多字都是它们认识你你不认识它们了，你将心里的话煞费苦心地用文字表露出来，笨拙地誊写在一个小学生用的算术本里，不知会不会比你在山上挖一天红苕还累？我把它放在电脑前打印时一直记得那样子：微微泛黄的页面，揉卷得不成样子的边角，"年级""姓名""教师"的横线上写有字，已被你轻轻擦去，留下几道铅笔划过的凹痕。

字迹有些缭草，像一个个歪眉斜眼的野孩子。我把它们一笔一画拼构输入电脑时，看到有些错字、别音字，就顺便在旁边加括号纠正了一下，想来多半不会改错。有些字根本无法辨认，想着问过你后再改。后来主意改变，觉得这样模糊着也蛮好。这份书稿是我永远不会遗忘的，全文抄录下来，以保留它的本来面目。

儿女们，今年我已经48岁了，是烦琐、放弃、没想动脑筋、身体渐渐差的年纪，重活农活确想从肩背上放下，恨不得马上坐上快速车，坐上飞机游看世界的美景。凝视大伙，不变吗，是在变，而且变得很大，但终归是在变两个钱，为着吃穿两字。往后的日子看不清……

回忆我当娃儿困难的时候，整个寨子每家按人的大小分类，大人一天的米不超过一斤，小的不过4两，饭具送给食堂里的总管人员，蒸熟了全寨的大白米饭，总管员用广播叫喊大家领饭回家，有的人家再用蒸好的饭和野菜倒入锅里连饭带菜合匀，炒一下子。大家吃哩，不吃行吗？

　　童年的事情，除了这野菜饭，我记得最清楚的事，是一次和大叔兴土到木楼子上面玩耍，下面有对石磨，磨上放着一个碗，是邻家三姨的。我和大叔滴下鼻涕到这个碗里，不一会，三姨骂道："雷公要打死你们的！"我当时感觉到很后悔，天天害怕着，一到乌天黑地，心里就害怕得魂魄落三分，直唠叨，后悔不做这样的傻事就好了……

　　我那时才4岁多，因爸同亲娘离了婚，婆也早死了，爸到公社信用社工作，经常就我和公公两人在家，后来长兴镇那个姑婆来我家帮做点家务，住了两三个月。我记得有一次，天暗得要塌一样，雷火闪闪，我害怕得要命，姑婆走哪儿一步一脚我都随着，紧紧抱住她双脚。她问我："你是做什么，半步都不让我走开吗？"我哭哭地说："我害怕雷公打死我！"姑婆在一根椅子上坐下来，说："天上哪有雷公打人，没有的。"我说："邻居三姨说的。"姑婆接着问我："那么是做错了什么事吗？""没有，就只是那天、我、大叔滴鼻涕在她家碗里，我们后悔了。"姑婆说："你们去给三姨承认错误，说以后改正。"我马上就喊大叔兴土一起去给三姨认了错，三姨说，"你们知道改正就是了"。从此以后，我再也不怕所谓天上的"雷公"打人。那位姑婆真是非常非常好的一个人，妹崽你小的时候我还背着你到过她家几次，每次她都要塞给你很多很多糖带回来吃。

　　儿女们，没妈的孩子像根草，幸福哪里找，我天天几乎都是同邻居姨家、大叔兴土玩，夜夜同姨睡，大我不过5岁的姨，小我不过1岁的大叔，我们三个一起度过我们的童年……

　　我6岁了，爸给我娶了一个新妈了。我记得那阿妈刚来时很爱我，我也爱那阿妈。但来久了，待我就没得以往好了。有一次邻居姨们、阿妈她要到太平乡看电影，姨对我说："你妈不要你去的！"当时我一下子哭了，姨说："不哭，我们带你去，天没黑你就悄悄出来，不让你妈关在屋里面。"

又一个年如日。我7岁多，上了学，读一年级。我的启蒙老师就是现在的明正叔。记得有件好笑的事，我和公公养了一头可爱又听话的小猪，我每天都把它带到学校一起进教室上课。我让小猪睡在桌子底下的一张木板上，手给它抠痒，眼睛瞪着黑板，专心地听老师课。老师看我眼神不对，走了过来，看到我的小猪怪怪地睡在木板上，老师好笑死了，没怪我什么，就又折回到黑板继续讲课……小猪后来长大了，肥了，要杀了，我和公都非常舍不得，我跑到被窝里把耳朵紧紧捂住，但还是能听见它痛苦的嘶喊声，后来没声音了，我就哇的一声哭出来了。那年的猪肉，我一口也没吃，他们怎么劝我我都吃不下……

一转眼又是两年，阿妈还没有生小弟，爸爸把她离了。一年后，爸爸又娶得太平乡石榴村的一个新阿妈。她来那年，我已经9岁了。爸妈结婚不到两年有了一个可爱的小弟弟，就是你们现在叫着的大舅，接二连三，不到几年有了三个弟一个妹，那时我已经12岁，一家姊妹我一人最大，要照顾两毛弟，又得去蕨基学校上课，我进课堂上课，就叫毛弟俩在操场玩等我下课。没几天，老师叫我别带小弟来校上课，影响学习，我求老师自己和我爸说，爸最终同意让我放学回家再帮忙照顾他们。

小学毕业后，在松桃县城读初中。人家都比赛似的穿得漂漂亮亮，我是另外一个样，老师看我穿得朴朴素素，把我评上"人助金"，每月7元。那时的生活费每月只需7块2角钱，除了星期天，其余的开支都可以够了。星期六下午回家，晚上打夜工洗好下星期一准备要穿换的衣服、鞋子、袜子。天气不好星期天睡前衣服还不干的，就连夜烤干，星期一早起来自己热饭吃和走去上课。儿女们，阿妈那时就没你们小时的幸福了，有很多件新衣服，有阿妈帮忙洗，还有人替热早饭。当然你们是我的骨肉，阿妈怎忍心让你们吃半点苦呢。

初中毕业了，考上松中的高中，一混又两年。高中毕业了，学校不像现在那么广，考考什么技术学校，或打工，就是回家做劳动挣工分，望来年底多挣一份收入，多挣一点粮食。可万没想到，毕业回来，机会好，本村的学校有6名老师，想再来增加我一个，也是按取工分，上级有5元补助费，用作老师的在校用品费。那年我才18岁，公已经78岁，小弟小妹6个，大的毛弟8岁，小的妹1岁，妈整天背着小妹参加队干活，我要带着4岁的小四弟到学校上课，放学回家后，接着忙做饭给大家吃。当时的情况真是痛苦绝了，有一天学校要开会，稍微迟点时间回家，公公就来学校说："你们有什么事要决定你们决定就是啦，我的孙孙，我要叫她回去做饭给我吃。"老师都奇怪地看着我，没办法我只好放下手上任务跟公公走了。

原来的年代不像现在，举个例子说，那时只要一双男女恋爱给谁看见后，抓到就会被痛打一顿，苗族不会嫁给汉族，汉族和苗族也不爱开亲。如有苗族和汉族开了亲，就议论纷纷，是名誉不好的。现在时代大不同，如原来是现在，我早就不在这里生存着了，想去远远的地方打工，嫁到远处去，怎会像今天这个苦恼样子？不过想，要是我真走了，不知道你们还会不会来到我身边，如果你们是上天安排下世来的话。妹崽你现在也到懂事的年纪了，一个人在外，终身大事要好生考虑，好好选择，阿妈一点都不会限制你的，苗族人或汉族人都不管，只要是你自己喜欢，你们彼此觉得很好就好。

教了5年书，教师精简，我考试的分数比其他老师少，就不教了。

不到一年后的时间，同你爸结婚了。结了婚，有了你这个懂事的孩子。当妈的怎能不爱自己的孩子呢？阿妈恨不得天天在你身边哄你玩，但你没满2周岁，我就又去扒拢完小代课，只能把你甩在家让婆带。每天回来看见你眼睛都是哭得红肿肿的，阿妈真是有苦说不出啊，有泪也只能化作口水吞。那时的每月工资是30元，你们爸爸的工资40元。你爸的40元送给家中的公婆们安排家中的生活，我的30元在学校开伙食。不敢买一点贵的东西吃，不敢扯一件好点的衣服穿，混了没满两个学期，有了你弟弟，没到2周岁，又去扒拢代课。工资和以前一样，要开4个人的生活，怎么能够呢？不敢和你爸争论什么，只能看着你们吃穿都不如别个老师的儿女好。暗暗记住公婆那时天天垮着一张脸，一点都不疼爱你们。同他们生活了11年，等你们都上学了，我才犟着分了家。在老屋，我多呆一天就多受一天的折磨，婆婆总看不顺眼我，从没给我个好眼神好款待，也不知道是不是因为我没个正式工作，是前娘后母的孩子？细的事就多了，以后慢慢再回忆。

　　……

　　你48岁前的人生，就这样被你浓缩在这短短几千字的书信里了，我把它们摘录在此，让你读我这篇文章时又再看看，这样做在其他读者看来有些肆意妄为，但还是想这么做，这一刻，即使得罪天下所有人我也想让你高兴高兴。

你42岁，我16岁

　　属于我的0—5岁，记忆近乎空白。

　　6—15岁，辗转读小学初中，你整天和高天黄土鸡牛猪狗亲近，和我却聚少离多。有关你的大事件竟是在16岁那年才在大脑模块狠狠地掐了那么一掐。

16岁，我顺利考入远离老家90多千米的一所师范学校，在一次体检中，我和一些同学被学校告知共同的不幸——我们的血在检查"两对半"中呈阳性。老师们沉重的表情一开始并没有给我带来多大的打击，也没想太多。但在我们同学中，有人悄悄地哭了。很快，我们10多位同级校友从各自寝室搬出来，住进学校统一安置的401寝室。准确地说是隔离。我们的生活从此发生微妙的变化，大家表面看似还和以前一样对待我们，但心里的一种回避和躲闪，我们还是敏感地感觉到被刺伤。心里开始变得自卑和怯弱，自觉不自觉地逐渐远离以前的朋友。同病相怜吧，我们一个寝室的同学都如同姐妹般友好。我现还记得，有美术班画荷花画得特别好的琳子，音乐班唱美声特别棒的佳佳，艺体班的妮娅舞跳得好，每个周末出门都会花很长时间穿衣照镜，平时却舍不得抽点精力整理一下乱糟糟的床铺。我在那时开始爱上写作，加入了校园文学社，不时有稿子被广播员选中，用清亮的嗓音把我的名字传遍各个角落……我们是上帝用脏泥捏的小人，身体里永远流淌着难以清洗掉的污痕。

心情灰暗的时候，我会看到手掌上赫然摆放着死亡的请柬，时间为某年某月某日。如果说死神是个残忍的黑老头，那我是在16岁这年意识到他的存在的。也是那年，我才体悟，汉文字里写作"妈"的这个人，不仅仅是由女和马合成的字，也不仅仅是把我生下来并喂养大的女人。

那几年乱七八糟地吃了很多药，中药、西药、草药，偏方，秘方，每每看到电视上广告什么药好，或听说哪个医生医术高明，就满怀希望买来吃。病急乱投医，印象中最糊涂的一次是同学吴说她的大叔帮很多人治好过这种病，我和室友冉、燕、李就叫家里寄来钱，寒假刚一开始就兴冲冲跟她去了乡下，在她大叔家住下来医治。那个潜伏在深山老林里的寨子，白天坐在门坎上，看到的只有对面一层又一层一个波浪接一个波浪的山。晚上没电视可看，静悄悄地只有偶尔几声狗叫。我们3个10多岁的女孩子在那个完全陌生的山寨子看了10多天山，数了10多天鸟，喝下几十大碗苦口良药。对于我来说，唯一一点亮色，就是在那里下了好几天象棋。寨子里的人听说一个女生竟然会下象棋，好几个上门来挑战，结果一个个都惨败而回。棋局无论输赢总是得撤，我们几个都没钱了，只得黯然撤退。回到医院检查，化验单上那串让我们触目惊心的红色拼音还是那么顽固那么可恶地耗在那里。

你对此非常生气，训斥我不该冒冒冲冲地就跑去那么偏的地方，花了那么多钱，病没转好，倒把脸喝虚肿起来了，还好人平安顺利地回来。

我在心底埋怨了你好一阵子，我觉得你不疼爱我，不担心我的身体，舍不得为我花钱买药——直到有次你带我去古溪村找一个张姓老草医。

也像上回那样走了很远山路，只是没那么陡峭和森冷。一路上，我们有一句没一句地闲聊，后来不知怎么就扯到了张医师的儿子。你说张老医师家家景不错，有个儿子比我大两三岁，还没谈女朋友。你说本来可以一个人来拿药的，带上我的意思就是想让我看看张医师的儿子人如何，弄得我还没到张医师家，全身上下就开始不自在。幸好张医师的儿子不在，我们捡了几包药就赶路折回，张医师一分钱都不肯接。

我后来才明白你实在为我想得远，甚至已帮我做了病治不好的完美打算。现在那个张医师的儿子还没结婚，如果按你当时的意向和安排发展，我可能早就成为张医师的媳妇。你虽在手稿中说不管我嫁苗嫁汉只要我喜欢就好，但我明白你内心更希望我嫁给同族人，那次我的病让你对自己既定意愿的违反，不知是机智抉择还是无奈妥协？

张医师的草药吃了3个多月，也没能将我体内看不见的病毒虫子杀死或撵出体外。那时3年的师范生活将告毕业，我想象出来的折磨我的死神也不再那么咄咄逼人。那时刚流行上网，我掌握后就用它到处查询乙肝防治有关知识。

不久，我在试着写的小说《HBVER之爱》中这样写下开头：

"给你说第一个故事吧，我清晰地记得发生在春天。"

"那个春天很苍白，像医院传染科里刷得十分惨淡的白墙。"

在文中，我这样穿插写下：

慢慢掩了文字，我说："w，我在网上看过，乙肝并不是绝症，何必这么自卑呢？况且你并不是"大三阳"，甚至连"小三阳"都不是，你只是一个乙肝病毒携带者。你的病基本上不具备传染性，也是健健康康的人。在中国十几亿人口中，有近十分之一属于乙肝感染者，只不过因为没有具体症状，彼此间不知道而已。你看他们不都像正常人那样过得很开心？对了，你看过杭州女作家赵玉泓写的《中国第一病》吗？那是中国第一部以文学表现形式描写HBVER生存状态的小说。"

w感激地看了我一眼："电视上好像报道过，我敬佩她，但就目前，我们都还改变不了人们对乙肝病人的歧视。小龙女，谢谢你不是他们其中的一个。"

"安徽省张先著提起全国第一起因'乙肝歧视'引发的行政诉讼官司，你应该也知道吧，他还被评为中国法治人物了。'乙肝歧视'随着人们对乙肝病了解的深入，会逐渐消失的，这点你应该相信！"

那篇不到七千字的小小说中，我给了这样一个结局：

"凝视着那抹能给我答案的红唇，它在我的视线里又浅浅地笑了。我想到了春天开始时依然是一片灰色的荷塘。"

这是我笔下小人物的小故事，我像影子一样幽幽地躲在他们身后指手画脚，导演一个人的皮影戏。

事实上，这篇小说的完成，我成功地温暖了自己。我像在瓶子里胡乱扑腾的苍蝇终于找到了光亮的出口。

是的,苍蝇。

你常说:"其实这样也好,它是命运给你的礼物,可以帮你找到一个真正爱你的人。"这句话是现实中你说的,还是在梦里梦到你说的,我一直没弄清,但我确实这样去做了。每当有男孩向我表示好感,我会半开玩笑半认真地问他:"我有乙肝病,你怕不?"后果可想而知。没有人愿意娶一个有病的女人,即使他愿意,他家人也会不共戴天的反对。

等待中,我其实也极其忐忑。我能等来那个真正爱我的人吗?我该诚实吗?

那时的我包括现在的我已经不怕乙肝病毒,比乙肝病毒狠毒的多了去了,人的生命,不是终结于某种灾祸,就是终结于某种病毒——迟早的事。但我知道还有很多人活在它的阴影中,还有很多人在歧视,也还有很多像你一样的母亲在替自己孩子担忧。所以,我犹豫一阵,决定还是写出你42岁、我16岁的这段病毒时光。

那段时光里还有件事记得特别深刻。你右边脸上有颗黑痣,我左边脸上也有一颗。你说,长在眼睛下的黑痣,接眼泪的,不好,取掉吧。我说好,取就取嘛。不知道你打哪里晓得的法子,把一截废旧电池用石头从中间砸烂,泼出一堆黑乎乎的碳粉,中间还有根圆圆的碳棒。我那是第一次知道给我们带来光明和能量的电池,内部竟全是乌焦黑的粉末。你把电池负极那头的铝质圆盖小心翼翼撬开,终于得到想要的药膏——一层近似腐乳的化学物质。

一枚事先用盐水洗过的绣花针,在你力度恰好的拿捏中毫不颤抖地锥向你的后又锥向我的泪痣,你把它当作一根刺来剔除,也把它当作我未来欢笑河流中的礁石来挪移。你自己的泪痣取得很成功,几天后一点疤痕都没有,我的却在原地多了一个小坑。你太想我莫流泪,放的药膏过多,把不该腐蚀的肉也腐蚀掉了。

你的45岁，我的19岁

师范毕业后，19岁半的我顺利在当年9月成为一个山村小学老师，后来才晓得我们这趟竟是"国家分配"中专生的末班车。

你异常高兴，不，是骄傲和羡慕。说我有自己的饭碗了，往后肯定都是好日子等着，而寨子里好多和我一般年纪的女孩子，嫁人的嫁人，打工的打工，今后过的肯定都是像你一样的日子。

我也很高兴。很多事情刚刚开始，很多物景处处闪亮，最关键的，有了属于自己的钱，便能独立于这个人世，宣告可以自己养活自己，唯独那些融于血液里的病毒偶尔会来打扰我愉悦的心境。乡下的孩子们很少有年轻老师教他们唱歌跳舞，我的到来令他们欢欣鼓舞，知道我喜欢花，每天都献殷勤似的给我打很多野花，满满堆放在讲台上，像眨着眼睛的萤火虫。最爱的是木棉、鸢尾，而多数时候会收到野雏菊，有白有紫。严冬里没什么花，班上一个叫娇娇的女学生，就把她家院坝前开的小黄花每天摘一两朵给我，它们有个稀奇好听的名字：梦花。

高兴的还有我喜欢上了文字，文字也喜欢上了我。我学着试着写的文字开始在县市内的文学刊物发表。

第一次为你写的文字是《社饭·母亲》。

"瞧你这馋猫，什么时候才不要阿妈操心哦！"
"不，人家就要嘛，我最喜欢吃阿妈煮的社饭了！"

这些对话纯属虚构，"扮个鬼脸，吐吐舌头"的动作更从来没在我身上发生过。我的性格像阿爸，内向、孤僻、不善表达，后来才学着在文字世界中扮自己想扮的相。你能理解这些虚假，在你看来写文章的人就像我们苗族的歌师，能把平常无奇的话酿成美丽的歌子，虽然歌词虚幻，但一颗痛苦敏感的心却真真实实裹在内里。

我把《社饭·母亲》念给你听，是你在麻阳街一家小诊所输液的时候。闲坐没事，我就把刚寄到的《黔东作家》摊开。我说，阿妈，给你读篇文章吧，我写给你的。

印象中是冬天，我们烤着炭火，是那种四四方方一个木框架，中间放个大圆锅式的火盆，现在已经很少见到，而我们当时所在的麻阳街，以及身后的东门桥也早已蜕了旧壳。

我问你："用普通话还是松桃话？"

你说："松桃话吧，听得懂点。"

我说好的，然后就像在教室给学生朗诵课文一样念起来——

"……待到春分前四五天，母亲就开始张罗起来，我便也跑前跑后跟着瞎掺和。做社饭，糯米和粘米必不可少，十斤粘米对4斤糯米，还得准备些蒿菜、野葱、蒜苗、腊肉丁、豆腐干什么的。野葱最难筹备，得去山坡上或田埂边一根一根地挖，挖回来再一根一根地洗净。野葱细如发线，要准备足并洗净，不知要花母亲多少心血！蒿菜是苦的，得先砍成碎末，再细细搓揉，等挤出的水由深绿变成浅绿，蒿菜的准备工作才算告一段落。青菜、野葱、蒜苗等也都要砍成碎截儿，各用一小盆盛着。青菜的水分较多，砍细后要先下锅炒一会儿，水分才能去得彻底。把锅子烧热，放适量菜油，然后把腊肉丁下锅炒一会儿，再陆续加入豆腐干、蒿菜、青菜、野葱、花生仁等，放点盐，不用多久，那浓而不腻的香味儿便直往你鼻子肠子里钻。把火停了，等饭煮沸到六七成熟时，白几大瓢米汤，就把它们都混合在一起，同时再洒点熟菜油。盖紧锅盖，掌握好火候，慢慢焖。到这时，母亲才可以坐下好好歇歇，长长吁一口气……"

读完,一抬眼,你在揩眼角。

那瞬间,我被震住了,你的反应让我手脚无措。面前的你突然变成一个孩子,而我的作品变成巨大的蛋糕端放到你面前。并且,我告诉你,这个蛋糕只属于你一个人。

这种身份的倒置太过魔幻,后来竟成为我不懈创作的巨大动力。

47—52岁的你,21—26岁的我

我的人生在走上坡路,你却在走下坡路。

47岁后的你心情经常很糟糕,和婆婆吵,和我爸吵,都是为着些小事,一边吵一边流泪,一边流泪一边数落。你的口才能让放牛的孩子忘掉牛,阿婆阿爸都吵不过你,但每次吵架中最伤心的人却总是你。后来我给你分析说:"阿妈,你的记性太好,所有伤心事都一码一码地积着扛着,所以活得累。"

那段时间,你经常恨声说一句:"我晓得,你们个个都聪明,就我一个人最呆!"

现在想来,21岁的我在那段时间几乎是在越位反串你的亲密情人。你不无抱怨地对我说:"我和你爸一辈子夫妻,他从不像人家的男的,走在路上和你牵个手,有什么好吃的好看的给你买点回来,没有,从来没有。"类似的数落不只一次。

你甚至也向我袒露:"如果那段时期还有别个男的爱慕我,追求我,我怎么都不会嫁给你爸的。一切都是命中注定。"

那时的我挖空心思找事实和依据来安慰你,用以扭转你的思想走向。我还记得我曾这样对你说:"阿妈,人不可能十全十美,阿爸也有阿爸的好啊,他不抽烟不喝酒不打牌更不打人,他有自己的工作和工资,但他从不乱花钱,还一下班就来和你上山下坎做农活,又有多少男的做得到呢?"

这种蹩脚的说辞似乎也还管点用，你会慢慢平静下来，在杂乱入篓的往事中翻找出阿爸的好处。而我心里却暗暗寻思：今后一定、必须要嫁个有浪漫情怀的人，千万不能像你这样活得太寂寥。

早已取掉泪痣的你，那段时间经常动不动就流泪，我倒成了帮你接眼泪的一颗泪痣。接着接着我自己也会掉下泪来，最后往往是你又反过来安慰我："唉，怎么把你给兜哭了，妈没事，和你讲一下心情就好多了"。

很久之后，我才在书本上知道"更年期"这个词，也才知道"美尼尔氏综合症"这种病。如果知道，在那段对你来说极其黑暗的岁月，我就不会仅仅做颗泪痣，我会学着做医生天天陪在你身边，包括早几年告诉你一句话，非常入你耳进你心的一句话——"开心是一天，不开心也是一天，为什么不开开心心过一天？"

我就是在那个时期，怅然发现你早生的白发。这些，我如此记录在我写给你的第二篇散文里——

"柚子熟了，阿妈知道我打小喜欢柚子，就给我摘了几个，用蛇皮口袋装着，一直拎到我办公室。我赶紧放下手头工作，叫阿妈歇歇再走。已有一段时间没回家，竟感觉阿妈又比以往瘦削很多——在为阿妈的瘦心疼时，我看见了阿妈的白发，刹那间心扉冷彻。

我的手不自觉地伸到阿妈面前，抚上她的头。捏着阿妈的发丝，我哽咽起来："妈，你怎么有这么多白头发了？"阿妈无声地笑了一下，没有回答我。"妈，你怎么这么多白头发了？"我不自觉又重复了一次。

阿妈把柚子摊放在水泥地板上，和我闲聊一会，又交代几句，便走了。她说要赶时间去批发点零食回小店里去卖，怕回去太晚没车，又怕家里的几头猪饿得嗷嗷叫。阿妈走后，我才发觉指缝间还留有她的白发。轻轻地握着，感觉它们是有气息的生灵。我嗅到一种气味,似乎是童年时在阿妈怀抱里就嗅过的:新翻的泥土的味道,初绽的柚子花的味道,青草的味道,炊烟的味道……"

生活还得继续,生活从未停止。现在我的头发也在步你的后尘。它们不时钻出来,挤眉弄眼地讥笑着我作为人的可怜。都说白头发越扯越多,我每每看到还是忍不住扯掉。扯时有一点点连筋的疼,但能忍受,我不能忍受的是别人这样想我:"看,这是一个正在老去的女人"。

可你呢?那年那天作为女儿,我竟无比残忍地一再提醒:"你怎么有这么多白头发了?"

23岁,一头青发的我遇到喜欢在诗里写到青鸟的男孩子。

爱情来得很突然,却又似乎是必然,因为与文字有关。

那个男孩子,听说我身体里的病后哭了,他误以为我不能太久停留于这个世界。这个在我生命中第一个为我流泪的男孩子,用眼泪深深打动了我的心。我爱上这份疼爱,即使知道他身边还有一个与他共枕四年的女友还是爱,即使后来明了我并不是他第一个流泪的女孩子还是爱。

你听说后,没有分析,没有评判,没有指责,竟是说一句:"可怜你们两个了"。

这段情感始乱终弃,伤痕累累。一个人在黑暗中流着泪怀抱、咀嚼你贴心贴肺的那一句,"可怜你们两个了",有着棉质的暖。那些年,我变铅字的心情让更年期的你烤着取暖,而你的理解和怜爱却是直接把我带到暖炉,再给我子宫般的护卫。

我现在才知道,并不是每个女儿都能得到母亲的这种暖。

56岁的你,25—30岁的我

25岁,已经离不开文字的我遇到以另一种方式喜欢文字的人。文字给过我很多礼物，我至今仍觉得他是文字赐予我的最珍贵的礼物。我在试探着告诉他我身体有病时，他笑着把我搂进怀里，说："我早知道了，但我希望能听到你亲口对我说。你能真诚对我说，我很高兴。"

自然而然步入的婚姻不是天堂也不是坟墓，欢笑流泪都是家常便饭，犹如柴米油盐不可或缺。这些我都明白，只是不知道你的怀抱才是我在这个世上最温暖的怀抱。从有自己阿妈的家到另一个有别人阿妈的家，竟似是从海角到天涯。

我结婚那天，你忙里忙外，最是紧张和忙碌。但后来我才知道，操办好我的婚事后不久，阿爸竟骂你"一手遮天"，似乎他这当阿爸的在女儿婚事中竟插不上手，让他很是窝火。

礼司公公帮我看好卯时出门，意味着凌晨3点过必须起床，5点之前必须让轿客、送亲客们吃好早席。那个晚上你翻来覆去睡不着，我说，"妈你睡会吧，今天累一天啦，明天还得早起。"

你说："我不累。你快睡吧。"

当我撑开被礼司公公赋予某种灵力的红布伞，趴在阿弟瘦弱的脊背上跨过堂屋，跨过门坎，你哽咽着声音说："到那边样样好啊"，我短短地轻轻地回应"嗯"，然后泪水就盈了眼眶。

凌晨5点。轰鸣的鞭炮烟花照亮夜空，我一袭红衣，坐在鲜花锦簇的红色轿车里，心里升腾的是一种完全陌生的苍凉。新嫁娘的我知道，迈出门坎，下次再来寨子，所有乡亲包括你的问候语就不会再是"回来啦"，而是一句："你来啦？"

婚后有次吵架，我被冲口而出的一句"这种日子不想过就算了"狠狠伤着，抽泣着打电话告诉你，说想回家，却遭到你狠心拒绝："莫哭，早点睡吧，过几天再回来。"心情逐渐平息后，伤口被创可贴般的"对不起"三个字包覆。几天后回家谈起前因后果，你说当时心子像针扎一样，但你不能顺从我的意愿，女人动不动就回娘家不好，事情在什么地方发生就在什么地方解决。你甚至告诉我，夫妻再吵架，再赌气，当男人还想要你身体时女人千万不能拒绝。你的话让我震惊，我相信这是我们苗族女人的智慧。草罢苗寨的男男女女，以前结婚从不兴扯证书，但一点都不影响他们苦乐相伴白头携老。人的肉体和灵魂是分开的，你没有明确告诉我这些，我径直这样想了。

26岁，成为母亲的我为你写下第三篇文章《生命的茯》：

"……在草罢苗寨的青瓦屋檐下，阿妈与一群小动物相守着过日子，一群小猪，或一群小鸡小鸭。阿妈时常把她卖小猪、卖鸡蛋得的一点钱分给我花。我说，阿妈，我有的。可阿妈说，我现在还能做点，以后动不得，就不消给你们啦。阿爸几乎每天都去赴一群孩子的约会，他是一名小学教师，以不亚于对我的爱欢喜着那一群还没有长大的孩子。等太阳西斜，又回到草罢苗寨。老屋子的东西不时会挪位，那是因为阿妈闲不住，总爱根据生活所需不断改进家里各式家具的摆放，而柱子上永远贴着阿爸自己撰写的对联。我的阿爸阿妈就在其中生活，不枝不蔓地生活，直至我已为人妻为人母，他们依然如此。

我从不确知自己在阿爸阿妈心中的位置。阿爸阿妈所做的一切，在我看来都理所应当，再自然不过。直到我也成为阿妈的那一刻，我才明白我是他们心上的茯，自我诞生的那一刻起，就生长在他们的心里：他们忐忑不安地等待着我的降生，一如我忐忑不安地等待着孩子的降生；我为孩子洗衣弄饭，这也是他们曾为我做过的；孩子生病不快，彻夜难眠的，是我，也曾是我的父母；我为孩子欢喜，为他焦急，同样，我的未来所系，也是他们的未来所系，……我拥有的对孩子的所有关怜，正也是我作为孩子时拥有的。

我不知道自己小时候的样子。但我清晰地记得我的孩子是怎样一点一点长大的。生命的延续是一件紧张而奇妙的事。那天，我挺着大肚子走进手术室，医生给我注射麻醉针后，不断地掐我身体，并问："疼吗？"我开始还能回答，后来便被推入梦境。不知过了多久，我从麻醉中醒转，已经在襁褓里的孩子安安静静地睡在身旁，我呆呆地凝视着，全身骨骼疲软而疼痛。他是健全周正的，我和爱人共同创造了一个可爱的小生命。世界的所有东西我们最终都会失去，但这个生命永远专属我们个人，谁也无法拒绝和否认。"

真是养儿方知父母恩。我由此清晰地看见自己是怎样在阿爸、阿妈的手掌中一点一点长大。我的孩子健康、爽朗，没有发生任何我担心的事，而那个困扰我多年的疾病，生怕传染给我的孩子的病毒，是用药也可能是天意，竟不知什么时候已悄悄离我而去。

我想回到0岁，让你回到26岁

日子对我来说，流水一般时急时缓，人在走走停停醒醒睡睡中过。从看到你的白发，到看到自己的白发；从当年的孩子慢慢长成阿妈，到当年的阿妈慢慢变回孩子。木然一低头，手里也已有，可以称量为"把"的年纪。

自从熬过更年期，你的心境淡然很多，身体也不再三病两痛，而你一辈子渴盼在阿爸那里得到的浪漫和温情，竟在这几年意外而丰足地收获了。

我和阿弟相继成家、生儿育女后，年过半百的你竟也学人家年轻人外出打工。先后去浙江的电镀厂、深圳的毛织厂，后又到贵阳给一个80多岁的石姓婆婆做保姆。每一次迁徙，都似乎为着实现某个愿望。2013年6月，你来铜城帮开理发店的亲戚煮饭，终于与我共同生活在一个城市。

与阿爸两地分居后，你经常收到阿爸发来的信息。手机是贵阳的石婆婆买送你的,你叫她石姑,说前娘后母的你一辈子没好生享受过母爱,没想老了老了竟在贵阳这个被人们称为春城的地方得到。只可惜贵阳离家太远,每坐一趟车都把爱晕车的你折腾得像到鬼门关转个来回,你坐怕了,又怕石姑挽留,在陪伴她将近两年后竟选择不辞而别,落在石婆婆家的衣物还是叫我到贵阳出差才顺便去拿。手机成为石婆婆给你的珍贵纪念。我手把手教你学会发信息后,你没事也爱给我和阿爸发信息。不时,我可以像你的闺蜜一样得以分享这些应该只属于你们夫妻间的短信——

"和你聊会儿天,免得手机生锈。送你一首歌:远走的人在何方,有没有偶尔想过我,夜深人静时,能否轻轻伴我入梦乡,世界上幸福的人到处有,孤单的人也那么多……"

"只要你不嫌烦,我愿每晚送你几句专家对天下恩爱夫妻的话……"

"今晚和你分享的是:爱不是占有,也不是被占有,因为爱在爱中满足了……"

"谢谢你高抬我的'功劳'。今晚在小店玩的人很多,一时忘了和你分享专家的话……"

"今晚我俩分享的话:把两颗真心放在手中,执手,让时间过,让岁月老……"

"昨晚的话收看了吗? 今晚又来影响你的睡眠了……"

"……

看到你幸福着的,仿佛恋爱中女孩的脸,这一刻,我突然很想回到0岁,让你得以退回26岁。我的阿妈,你真应该和阿爸像这样再好好爱一次,一直爱下去。

107

"儿女们，我记得，你们小时候听我讲一个螺蛳姑娘的故事，听着听着，同情很苦很苦的螺蛳妈妈，你们哭了，阿妈望你们俩，不往下讲了。为啥那时候你们那么痛苦，是联想到我，准备可怜自己的阿妈吗？阿妈、阿爸这两个称呼将来会轮到你们，而公、婆会轮到我们。能不爱自己的儿、孙吗？这辈子不知怎样助人为乐，妈所做的一切事，都是为了想让你们得到我想要的快乐。现在的我不是原来的我，脾气搞坏了，身体不好了，也不知哪天才能好过来，但希望儿女们都明白，你们的阿妈是原来的阿妈。你们觉得到吗？儿女有对爸、妈同分量的心情吗？怕是很少吧，儿女欠父母的，恐怕要到他们当父母时才两两抵消，但永远都是无法平衡的。我欠父母的不多，但正因为我为人女儿时不快乐，所以我做母亲了就努力不让我的儿女像我从前。说不尽写不清，让世界上聪明的人们去分析吧，爱的意义何在，活在人间的意义何在。

　　原来的家、现在的家，一个无比的幸福家，我们一起珍惜今天的幸福家，一代传一代，都有一个幸福的家、健康的家、和睦的家，勤快的家，代代相传，有你们爸爸有你们的家，这世间的一切，我可真爱惜啊！一直爱到最后一天为止。"

　　"我可真爱惜啊！一直爱到最后一天为止。"你在给我和阿弟的信稿中写下这句结束语。

　　现在，我的心里盈满了想念，我想跟着你再轻轻念一遍，同时像你那样，对自己，包括给过我伤害也给过我疼爱的人世，说一句：

　　"这世间的一切，我可真爱惜啊！一直爱到最后一天为止。"

银焰

【夏夜的流萤光】
【篇章】

人们都叫她婆巫

婆巫,89年前出生在我的家乡一个叫莩罘的小苗寨。

无数个日子,她与黑暗肌肤相亲。蝎子,蜈蚣,蜘蛛,蛤蟆,百步蛇,或者狼毒花,毛地黄,红鹅掌……丑陋危险的它们是她在人世可亲的伙伴和可爱的玩具。她爱它们比爱人类多得多。她讨厌在青天白日下看到一张张皮笑肉不笑的人脸,因为她早一眼就看透锦衣皮囊内装着的狼心狗肺猪脑子。.

她在寨上人见人厌,爹妈给的名字早八百年就被大家硬喊成婆巫。当她的血液里增生出蛊液,她的呼吸中夹杂着蛊气,成为人见人憎的草诡婆的她,竟对这个名字欢喜得很。

那天傍晚,黛黛隔着竹篱笆温软软的一声"阿婆",硬让她狠狠地打了两个冷颤。

这辈子快熬完了,还没有人好生叫过她一声阿婆。

她在快当外婆那天,失去了所有亲人。女儿离开她时隆着肚子浸在血泊中,像一团喝饱水的棉花。没有一个人来帮她把女儿从鬼锁链中解救出来,她死死地盯着女儿眼眶里那簇迸开的血红。最后她说,妹崽,莫撑了，去陪你阿爹吧。不久，她把所有能找到的毒物都逮来作伴，她把自己炼成一个真正的婆巫。这些家伙陪了她整整一辈子，也折磨了她整整一辈子。

不要想象她是面色惨白阴冷可怖的老太婆，披头散发，指甲漆黑，坐在没有月光的夜晚，独自念叨阴咒诡语。

她面容干净，衣衫整洁，喜欢穿自绣的花花衣。

她酷爱从烂泥顶出的荷花，它们吸食动植物尸体的精气，兀自艳绝人寰。她把它镶绣在衣袖，提醒她坚执内心的纯净。杜鹃她也喜欢，它们前身是啼血的悲鸟，绣在衣领再合适不过。蝙蝠当然没忘，一群一群地绣在胸前，气势磅礴。这聪慧的灵物，如同她，有双凡人不晓得的眼，勇敢按自己的方向行进。别把她背后腾云驾雾的错看成龙，她是婆巫，可不敢把龙穿在身上，惹怒天神降罪。她还是喜欢蛇些，因为它有着和她一样的体温。

黛黛说，见到婆巫的那天，是秋分过后第二天，一个旱天雷没来由地在头顶炸响，劈得人头皮发麻脚杆发抖，那时婆巫的老屋在黛黛看来是另一个可能被引爆的天雷。那天燥热，当太阳在漫天的咒骂中掩面而去，所有霞光被屋檐彻底打压，婆巫又见到了她的臭男人。

当然，他没有一丝尸臭，反而是满怀的罂粟花香。灰黑的身体堤坝似的堵在门口，河流漫过堤坝形成的瀑布是他花白的发须。他一走动，瀑布就咆哮起来，从她划满蜘蛛网的脸颊上翻滚过。

"又来干吗，滚！"她恨声说。

他把手抱在胸前："来陪你熬夜啊，看啊，你屋里边好多毒虫和死鬼。"

"要你来陪我！你自己就是个死鬼！"

死鬼没心没肝地笑起来："好吧，你懒得见我我走啦……"

见他果真要走，她赶紧拉住："你个冤家死那么早干吗，这样子陪我有屁用！你悖时的，千刀万剐下油锅都可以，咋个把女儿和我外孙崽也要带走！"

"没办法，你自个问阎罗王去。既然闷，不如早点来和我们？"他摊摊手，摇摆起他瀑布似的发须。

她的拳头打出去，像毛毛雨落在枯树桩上："不来！我偏不来！所有人都讲我是婆巫，讲是我放蛊害死你们，我就偏不死，等他们冤枉我、烦死我！"

或许她把他打痛了，打碎了，他在狂笑声中灰飞烟灭。她气不打一处来，最后集聚在喉咙部位，"啊"一声爆炸开来。

正是那时，黛黛刚刚把她的老屋子推开一条门缝，看到圆睁着白多黑少的一只眼，倏然听见震破耳膜的一声厉叫，魂魄差点骇失落，撒腿就跑。

雷雨过后的傍晚，黛黛再次晃动她的门栓。

黛黛这妹崽，20来岁吧，白裙、白鞋、扎个马尾，清清亮亮，像月亮上那只玉兔子，令她看到黛黛的第一眼，陷入雷雨时见到臭男人的恍惚中，如果她的妹崽没死，给她生个外孙崽，必定也有20来岁了，必定也有姣白的皮肤，柔软的声音，和世上最纯澈的眼睛。当然，她婆巫绝不会让她的外孙崽受黛黛这种苦，为几块钱工资，天天喊人家卖地拆屋，尽干些遭人戳脊梁骨的滥差事。

"阿婆，你听我说，这几天放炮，看你屋顶的瓦没几块好的了，如果下起雨，你怎么办？以后这里要修宽马路，建高房子，还要开大厂矿，是好事啊，你怎么就不肯搬呢？"

瞧这妹崽颤微微的声音，像小羊羔在咩咩叫，根本经不起我老婆巫的一拐杖。她的左心房说着话，嘴上什么也没说。

也亏得是这弱弱的声音，不然早被她撵出屋了。自从几辆大铲车开进寨子，就不时有些她厌恶至极的蛤蟆脸、蜘蛛腿到处晃悠。前些日子，这些比毒虫厌烦得多的嘴脸找上她的门来，哈哈，哈哈，她笑，笑得他们一个个都不敢进她屋，却在院墙外学疯狗叫：听到没？全寨子就只剩你一家啦,明天再不搬就强拆!她说好啊,拆吧拆吧,喜欢拆都拆去!当她端出一罐张牙舞爪的蝎子,不到1秒钟,像苍蝇似围着她屋子的男人们一个个比老鼠还溜得快,害得她仅剩的两颗座牙都快笑脱了。

"阿婆,他们都说你是那个,那个……我觉得你其实只是脾气古怪了点。你们寨子前些年死了几个年轻人,都说是你放蛊整死的……我不信,那些话全都没有证据。他们还说你连自家人都不放过,我更不信了,虎毒不食子,你怎么会害自己的亲人呢?"

哈哈,这鬼崽崽真会讲话,看来是有备而来的,却真说到了她的心坎上。她的右心房也说起了话,但她嘴上还是什么也不说。

没有人明白她,她被所有人孤立。人人鄙夷她,她也鄙夷人人。

她本来是巫医的女儿,非但不放蛊,反而能帮人治蛊毒。她和臭男人相识就是因为帮他治蛊。她问他怎么中的毒,他说是他阿妈放的。她愣了,你阿妈怎么会放蛊给你?他说,我看到阿妈差点把蛊放到一个小娃崽身上,心头一慌,赶紧帮他挡住,听人家讲你阿爹会医蛊,就跑到你家求救来啦。他的运气实在差,那天阿爹不在家,时间紧急,他坦荡地在她面前脱下衣服,叫她给他诊治。那是一个怎样的男人啊,她取出鸡蛋穿了针在他身上来回滚动拭毒,挨着他鼓起一个个疙瘩的臂膀,不由手脸发烫,最后难以自制地把她的脸变成了滚鸡蛋。可惜她太没福气,他上门成她男人没几年就病死了。寨里那些细米蚊一样让人厌烦的男人奈何不了她,便造谣说她放蛊害死了自家的男人,寨里人听说她婆婆妈的一些事,也都信了,一个个躲鬼似的,生怕她身上的蛊突然啊呜一口生吃了他们。她气愤不过,索性说婆婆妈把蛊术传给了她。

她吓唬黛黛说,寨子里前些年莫名其妙死的几个人,有两个确实是被她放蛊整死的。她得了婆婆妈的蛊术后才知道,放蛊就像平常的吃喝拉撒,在肚子里转一圈后也要像屎尿似的排出来,不然就得憋死。那天她趁夜深没人在院门外放蛊,没成想那两个倒霉鬼不知从哪里鬼混回来,一下子中了她的蛊。他们的精血全部飙到女人身上去了,身体虚得像个碎裂的鸡蛋壳,巫医诊救不及,第二天就一前一后死翘翘了。可怜那两个婆娘对自家男人的遗言深信不疑,她也懒得再伤她们的心。

这黛黛好像是龙王爷孙女似的,说下雨真就下了。"他妈的!这死鬼天气!"她狠狠骂了两声,没管用,反而招来更多更大的雨,俨然无数条菜花蛇从她千疮百孔的屋顶鱼贯而入。真怪,她对这小妹崽就是恨不起来,或许是她太想有个外孙崽的缘故。很快,那和她一样老得可怜的家成了烂泥塘,锅碗瓢盆油瓶水桶这些小东西全都漂浮起来,有些还挤到门槛边想一走了之。她有种预感,一会,再过一会,黛黛一定会来看她。

"阿婆!阿婆!"她刚这样想,敲门声嘭咚嘭咚响起来,暴风雨中,也只有她会来敲她的烂木门了。

"阿婆!下这么大的雨,你怎么还在院坝站着?"

她笑,没理她。鬼崽崽,果真是来了,她莫名其妙地高兴。

"快去别人家躲一下吧,莫淋出病来!我明天就喊他们来帮你补瓦,再不拆你家房子了!"黛黛见喊她不应,就撑了伞过来。

她哈哈狂笑,听得黛黛毛骨悚然,她看见她瘦小的手在闪电中颤抖,像连接在伞把下的另一截伞把。

"不用补,这房子我懒得要了,给你!"她孩子般大喊大叫,盖过了无病呻吟的暴风雨,她想这下臭男人肯定也会听到,他很快就会来接她。

"阿婆,我这次真不是来喊你搬家的,快和我走,莫淋雨啦!你哪个时候想通了,我们再谈。"黛黛也扯着嗓子冲她吼。

"鬼崽崽,你叫人拆去吧,我确实要搬走了。"

"搬不搬你都先和我找个地方避雨吧,阿婆,求你啦!求你啦!"黛黛哭喊着下死力拽她,她心里一软,脚步竟乖乖地跟着一起移动。

第二天,没心没肺的太阳拱了出来,老天爷的气色和她第一次见到臭男人的那天一样好。臭男人还没来,黛黛先来了,她叫来的一帮人扛梯子的扛梯子,挑瓦的挑瓦,很快就登上屋顶丁零当啷修整起来。

她把蛇头拐杖咚咚咚出死劲往地上戳,好半天才制止住。

"你个鬼崽崽,我说想换地方,怎么,你又偏不让我换啦?!"

她的口气还是那么粗恶,但黛黛是聪明的妹崽,马上听出了她的意思。黛黛好看的脸本来就是朵芍药花,再一笑,比花园子还好看。她拉着她的手一蹦三丈高,眼泪飙到她脸上:"阿婆,你终于肯答应啦?太谢谢,太谢谢你了!刚才我还在和他们吼,他们不准我来……"

黛黛确实还是个妹妹崽,怎么可能知道她这个老女人的心思。

她说:"莫哭啦,我一直不肯拆就是不想看到人家哭。"

"啊?"

"他们都说我嫌钱少是吧,放狗屁!我稀罕那几个臭钱?拿给虫子它们都嫌臭酸。"

"为什么?"

"我是不想帮着你们害人。"

"我们怎么害人啦?"

"你个嫩崽崽,说了你也不懂!你不是说秋分后怎么还听到打雷吗,当然是有古怪啊,可现在这些人一个个都不晓得害怕。给你说,以后古怪只会越来越多。我有三句话说在前头,你记好,等往后来看我讲得对不对:第一个,这里的马路一修起,每年将至少出七起车祸,至少死十三个人;第二个,这里的高房子和大厂房修起后,每年至少有七个小孩坠楼死,七个年轻人得怪病死;第三,……看你愣的,有哪样稀奇,这就叫报应!"

黛黛被震住了,一眨不眨的大眼睛让她想起昨晚放走的癞蛤蟆。在黛黛眼里,可能在这一刻,她才真正像传说中的婆巫。

"第三,第三个等签字了再告诉你吧……哦,我不会写字,你帮我签,就写你名字。我忘了我是谁啦,人们都喊我作婆巫。"

吴黛黛。这个乖孙崽崽，真的乖乖写下了名字。

她诡笑三声，拄着蛇头拐杖，离开了她就快住满90年的世界。

她将带着她的虫子们，一起搬到另外一个世界住。

等黛黛长到44岁，她将在一个雷声大作的秋分之夜，有望揭晓第三个预言。

一个由婆巫预埋的秘密。

今天四月八

一团阴冷的黑色幽灵般侵入，在阿望老人身后张牙舞爪，古石墙泛着鱼鳞似的光亮。

墙无声，门无声，地无声，簸箕无声，矮凳无声，阿望老人的身边，整个世界都寂静无语。

没有比这更静默的了，阿望老人的心和耳朵都如冻死般僵硬。

耳朵已差不多成摆设的阿望老人尽力捕捉和感受来自光明世界的热闹，有母鸡和小鸡仔在身边围绕，如果阿望老人没有失去听力，就还可以听到它们不时发出的让人欢愉的叽咕。

侧耳。凝神。阿望老人有意将嘴唇边的笑在脸上放大、洇开，然后就感觉笼罩四周的冷寂似乎融化了一些。阿望老人想，在这没有界限的静寂与灰霾之中，我是不是一个参禅的僧？

阿望老人想再继续努力把四周的死寂赶远点，但还未修成正果，就又被它们给反扑了回来。

四月八。阿望老人突然想到了今天是农历四月八。还想到了，他这辈子经历了哪些从未敢忘怀的四月八。

117

八十年前的四月八，阿望老人不由自主地来到这个人世。

阿爸说阿望出生时难产，鬓发堆雪的阿耷亲自接生，她一剪子下去，阿望活了，阿妈死了。门外石墙没有任何预兆轰然倒塌，阿望在人世间的第一声嚎叫同时响起。阿耷沟壑纵横的脸容阴霾尖冷，深藏隐秘。阿爸说，那天阳光应是穿越了沧海桑田后才到达她脸上的，幽柔而迷茫，薄冰般晶莹。

在阿望满月的那天，草垛一样枯瘦的阿耷一个人在深夜把倒塌的石墙重新筑起，第二天便溘然辞世。临走前她一再嘱咐，我的外孙崽是从古石墙中蹦出的，这堵古石墙对他有着非常重要的意义，一定要保护好，千万不能再让它倒塌。

六十年前的四月八，阿望遇见了这辈子唯一爱过现依然爱如珍宝的女人。

那天阿望没去镇上参加四月八节。苗人年年相约在这天唱歌跳舞上刀梯下火海，以甜蜜的方式纪念千百年前的悲苦，但说实话，这个据说是英雄亚鲁不幸倒下举族痛哭的日子，年轻时的阿望还没感觉到他和他现在过着的生活有什么瓜葛，当时更重要的事是去听听歌子，邂逅个把能教魂魄看得飘起来的姑娘，把被日子捆绑得太紧的心松一松。

那天阿望没去是因为得去山上把石块挑下来，尽快修补屋后的石墙。阿爸牢记阿耷的遗言，一直把石墙作为阿望的命根子来捍卫，偶尔有小娃崽调皮扯石墙上的蒿菜，或捣鼓墙里面的蚂蚁，阿爸都会板起脸揪到家里狠狠打两下屁股。阿望18岁后，阿爸身子开始萎缩变矮小，手脚渐渐僵硬如鸡爪，才不得不把修墙这件事完全转交阿望本人。

绕开一堵堵高垒的石墙，阿望看见一排枯竹篱笆，一溜黛色瓦檐，一根竹竿参差悬晾着的绣衣绣帕，一扇旧木门，两三扇雕花木窗，一块花布帘子，一顶竹编斗笠。从夫家回来的她，就坐在花布帘子下面绣鞋垫，线条像花生壳一样丰满的鞋垫反衬出她的惨淡瘦峭。她是阿望的邻居，他们隔着几道古石墙，愚笨痴情的阿望，之前一直暗暗关心着她什么时候长成了大姑娘，什么时候嫁为人妇，什么时候又因什么原因被人家休了回来。那天所有的人都到桃城中心街看四月八去了，寨子里只有蝉声和鸟鸣，整个世界安静得好像都在为阿望的爱情默默祝祷。当她听完躲在石墙背后的阿望，为她第一次托腮唱出的结结巴巴的歌子，即与突然开了的桃花一起对阿望笑了。

阿望有笑有爱有妻有子的人生在这开满桃花的石墙正式开启，大石块小石块垒叠起来的石墙给予了他窥视幸福、试探爱情的勇气和力量。

四十年前的四月八，阿望一觉醒来，耳朵却仍在沉睡，阿望不知所以，流下惊惶的泪水。世间每天有那么多的声音，竟没有一种能把堵在耳朵里的石墙推倒，让他重开耳帘。

她，阿望的女人，那个在桃花后面微笑的女人，在那天也同样微笑着把阿望拉到石墙前。她两手激动地比画着，想要告诉阿望一件重要事情，见阿望一脸茫然，便紧紧抓住阿望的手臂，让他睁大眼睛看着她的眼睛。终于，阿望懂了，她是想要对他说：看，这是你出生那天哭倒的墙，这是你阿奔临死前为你垒起的墙，也是我们相遇的墙，它对你一定有深刻的意义。每天都和它多亲近亲近，或许，它能把你的耳朵叫醒。

阿望郑重地点头，从此不再惊惶。

三十年前的四月八。怪事突然在成为老人的阿望的耳朵里发生。

日日听墙十年后，阿望老人居然能听见石墙里有声音：时而有千军万马在墙内冲杀，时而有老残弱小在墙角低泣，偶尔还能在墙头清晰听见乌鸦在哭野狼在啸遍野是哀鸿，鲜血溅在石墙上，发出嗒嗒嗒的声音，熊熊战火煅烧石墙，石头们在叽哩哇啦的惨叫……

几乎所有的人都说阿望老人失了魂魄，陷入梦魇。因为阿望老人除了石墙的声音，其他的任何声音都听不见。唯有她相信，与阿望老人隔着石墙相望一眼便情定终身的她相信。她高兴得像个孩子，用手指比画着与老伴说，世上总算还有一处地方能让你听见声音，不至于太冷清。

二十年前的四月八。在外地工作归来的大娃崽与阿望老人一同听

119

墙。同样,他和其他人一样什么也没听见。后来他带回一本史书,翻到中间处,指着一段文字让阿爸一字一句细看:

"……苗疆边墙的腹地。明嘉靖十九年,龙西波、吴黑苗发动苗民抗暴起义,衣衫褴褛的苗民与装备精良的朝廷精兵对抗了13年……";

"清朝乾隆、嘉庆年间,石柳邓、吴八月再次率领苗民起义,清王朝先后从四川、云南、贵州、湖南、湖北调集18万大军"痛加洗剿",一场禁锢与反禁锢,压迫与反压迫的殊死搏斗在这里开始,惨烈上演……"

"尔杀内地一人者,我定要两苗抵命,尔掳内地一人者,我定要拿尔全家偿还。"

"苗边恶习凡有不平等事,或力难泄忿或控断不清,投入苗寨勾引多人潜入内地,不论何人坟墓断棺取颅,不论何姓人牛非杀即掳……"

这些文字太深奥了,阿望老人懵懵懂懂,寻思很久以后才突然想到:数百年前,石墙将一段惨绝人寰的声音录下、珍藏,然后在数百年后回放给我这个聋子听。每一次都是四月八,一年365天中唯一、始终与苗族人有关的一天。只是可惜,那些耳朵正常的族人们都没听见。

八十年后的今天,一团阴冷的黑色幽灵般侵入,罩着阿望老人,在城墙泛出光亮。

墙无声,门无声,地无声,簸箕无声,矮凳无声,阿望老人的身边、整个世界都被寂静掩埋。

母鸡早带领鸡仔们走了,剩阿望老人久久枯坐。

时光寂静,盛世太平。阿望老人等待着石墙的声音再次浩浩荡荡地莅临。

仙娘阿晓

　　阿晓给人算了一辈子的命，找她算过命的人没有说她算得不准的，从她成为仙娘的第一天起，"仙娘阿晓"的好名声就随着人们踩出的鞋印，去向了很多很远的地方。

　　阿晓从不学其他寨上的算命人去街上摆摊找钱，她自做她的农活，当有人找上门来，她就撂一句话给她男人：老头子，来客啦，烧点火我们大家烤嘛；或者说，老头子，来人了，你今天一个人去山上挖红苕吧，我不得去了。她男人闷闷地应一声，按她的吩咐做去。这么多年过去，男人早已习惯并胜任助手的角色，头发乌黑、面色乌焦的他，穿着打扮邋遢随意，神情却是高远清淡，不管男女老幼，穿金戴银或是粗衣布鞋，他都不厌不喜，不拒不迎。

　　来的人基本上都知道自带些香纸、生米来，当他们把事先准备好的12块或120块请师钱卷起插进米碗，冥香点亮，冥纸生烟，阿晓就把一叠冥纸摊在手掌中，边看边念叨，仿佛一切都已现在冥纸之上，她只是照着把它们唱译出来。

　　寨里一些与阿晓年龄相当的妯娌不时和阿晓开玩笑，自己会算命，干吗不找个好点的男人，享受荣华富贵。阿晓说，怎么啦？他不好吗？我不会煮饭,他不嫌弃,还天天弄饭给我吃,我就认定嫁给他了。

有了不做饭的清闲,仙娘阿晓常常去篱笆墙边扯几片樟树叶,坐在门坎边咿咿呜呜地吹奏,那是谁也不知道下一个音会滑向哪里的仙曲。

阿晓吹动的不是曲高和寡的阳春白雪,是天地间云彩装饰着的日子,阳光下黑土地长着的玉米苗、小麦苗,烟雨中翘角的青黛瓦檐,夏日里大蒲扇盛开的纹理。亮晶晶的光线从四角天空倾泻下来,像华丽舞台上一束雪亮的追光打在她的绣花围腰上。

那年那月的那时,雨水增多,谷物生长,莺声渐起,落英缤纷。阿晓和她邂逅男人生下的妹崽像一朵多吹几口气便将绽开的桃花。

阿晓的妹崽桃,生于三月清明之时,好一双丹凤眼,像镶上去的。阿晓对男人说,啊哈,看我家妹崽的眼睛,简直不是人能长出来的。

妹崽桃长大些后,阿晓把女儿的脸看了又看,妹崽桃以为阿妈又琢磨自己美丽的眼睛,没想阿妈说,妹崽啊,你眉毛长得不太好,可真叫我担心啊。

阿晓还对妹崽桃说,生你的地方不养你,养你的地方不生你。如果遇见了那个命中的人,务必要先带来让我看看他的面相。妹崽桃脸上泛起桃花红,娇声说,人家要去城里好好读书,什么嫁不嫁的,远着呢。妹崽桃轻轻一拳送出,差点把阿妈的苗帕打掉在地。

妹崽桃像很多幸运走出苗寨子的男女一样,幸运地被就读的城市所接纳,在一所学校教书育人。在城市里生活久了,妹崽桃更加不信仙娘阿晓关于命运的巫辞。她接受了书本的教育,相信这个世界是物质的,无神的,而且她觉得自己的命运理当掌握在自己手中,所以当妹崽桃已为自己选定不二男友,带回家时阿晓才知道她快当丈母娘,女婿崽不是苗人。

妹崽桃穿上云朵做成的洁白婚纱。

阿晓板着脸,不乐。她希望妹崽桃穿上的是她亲手缝绣的嫁衣。那件桃花红的满襟上衣,前襟、袖口以及围腰都镶滚着莲花喜鹊彩鱼;裙是杜鹃红的百褶裙，漫绣着碎花，镶以银箔、银丝，像孔雀鸟儿的屏；箱底里还有全套的银饰，凤冠、摇花、银簪、耳环、项圈、手镯、披肩、花腰带，这些当然都有的，如果妹崽将黑白棉线杂错织出的花格帕戴上，一定比穿婚纱更美丽千倍。但是，亲家母和女婿崽都说，现在人家都时兴穿婚纱，戴个苗帕，脑袋耸得那么高，坐在婚车里得抵着头了。

苗家女儿出嫁，母亲是不能出现在送亲队伍中的，所以仙娘阿晓没去查究戴苗帕不能坐上婚车的话是不是托词。送亲队伍走后，仙娘阿晓与帮忙的乡亲把一切事务弄停当，锅碗瓢盆该洗的洗，该退的退。到晚上彻底清静下来，仙娘阿晓呆呆站在庭院的枇杷树下咿咿呜呜吹了一夜木叶。

穿叶而来的风带阿晓回到年轻时光。在阿晓想来，妹崽桃的命运轨道应该像她年轻时那样，对话、对歌、对坐、对视，爱情在云下，爱情在夜中。只有这样，才能记住那双爱自己的眼睛，记住那串自己爱的声音，记住那种听不饱的心跳。确定要在一起了，就选一个干净日子，带上好朋友踩着月色赶到约定地点，踮着步子去男人寨子做了事实上的夫妻。然而，现在妹崽走的是与她阿晓完全不同的路，这样的婚姻，能撑到头发斑白的那天吗？

其实阿晓还是很想封赠妹崽桃几句吉祥语的，像她平时为人算命那样把它们唱颂出来，但白惨惨的婚纱硬是将她所有的心窝话都给逼了回去。白，明明是办丧葬之事做孝衣孝帕写孝联选择的颜色。一身白的妹崽桃让仙娘阿晓有种不祥的预感，妹崽桃的命运正在滑向她无法预知和控制的异度空间。

日子里过着，总免不了闹别扭、生摩擦。妹崽桃受委屈了就跑回家向当妈的倾诉，仙娘阿晓脸上云淡风清，说，等他来接你你就回去吧，这是你自个选择的命，咬牙也得认。什么是命？我的命是咋个的？妹崽桃问，一问把仙娘阿晓给问懵了，半天接不上话。

仙娘阿晓担心的事情还是发生了：再一次归家的妹崽桃面色惨白，

说在医院检查出自己这辈子都无法生育孩子。仙娘阿晓叹息着说，妹崽，这个没得办法，是你的命，多年前你的眉毛就已经告诉我了。现在只怕，只怕，他们不会再要你做他们的媳妇了。

女婿崽来了，愣了，仙娘阿晓的话像晴天的雷声。女婿崽，妹崽桃走了，她想去外面捡个孩子，捡到她就回来，捡不到她就不回来了。你走吧，不用等她，这就是她的命。

女婿崽没说等，也没说不等，折转身，大步走了。

第二天，女婿崽再次在仙娘阿晓帮人算命诵巫时出现，背上一大包裹，手上还提两小包。女婿崽说，阿妈，我来长住你家，等桃和孩子。

没事的时候，女婿崽就看仙娘阿晓给人算命。女婿崽觉得很奇怪，为什么每天总有那么多的人来算命，命真是可以算出来的吗？女婿崽在城里做工程设计，他第一次往细里想，人类的这个"命"，是人类用自己的一生来设计、画图、修建，当水和泥沙凝固在一起成了房子，再变不了了，就总结说，哦！这就是命——还是，房子在人出生之时就已经建好，人往后的一生就是在这房子里转悠？

一年后的一个夏日，女婿崽把自己的手伸到了仙娘阿晓面前，阿妈，你也帮我算算命吧，拿我的命和桃的命合一合，看看我们这辈子还有没有做夫妻的缘分？

那是仙娘阿晓第一次握住女婿崽的手。照旧燃纸点香，蒙上黑帕，最后叫女婿崽把手放在她的手上，报上生辰八字，用食指中指的拇肚来触感那些错综复杂的掌纹。仙娘阿晓感觉到，这双城里的汉族男人的手，这双爱抚过妹崽桃的手，在一年多的时间里，由于和她男人一道和锄头犁耙泥巴打交道，已经粗砺得像一片刚刚剥下的樟树皮。

地纹，人纹，天纹——仙娘阿晓努力在冥纸上寻找，关于妹崽桃和女婿崽的命。然后，仙娘阿晓被一颗不知何时嵌在纹路中的眼泪魇住，久久不能言语。

仙娘阿晓最后说，女婿崽，我不知道该怎么和你说，我帮人算了一辈子的命，却算不准我自己的命。命是个什么东西，我也归不了总。我以为我能帮助人们改变命运，或是指点较好的方向，但我发觉最后都会归结到原来的说辞。总之莫坐等，跟着月亮走吧，找你想找的人和东西，过你想过的一辈子。

女婿崽离去，仙娘阿晓点燃了一簸箕冥纸，然后在灰堆边枯坐一晚看夜空流萤。从此关门闭户七天七夜，之后才重扫院落为络绎而来的人们算命。

生如木屑

　　木匠还不叫木匠时，是个头发蓬松叫阿森的野孩子，每天把弹弓当枪射大鸟，把黄牛当马游高坡。有次他到她家来玩，看到她阿爸帮人打碗柜，跳进屋来一会捣乱弹墨线，一会在木桩上凿小洞洞，玩着玩着累了竟一头倒在阿爸锯出的木屑堆上睡了过去。醒着的阿森从来一付唯恐天下不乱的调皮样，睡着了却特别乖，让她呆呆看了好久。醒来阿森就嚷着拜师学艺，说木屑的味道实在太好闻。

　　没事的时候，阿森经常稳稳站在木马上张开双臂像只大鸟在飞。一个稚嫩的声音在翅膀下响起，阿森哥哥，你在干嘛呀？

　　这个声音的主人就是她。那时的她是阿森师傅的宝贝小女儿，叫阿野。

　　阿森说，阿野妹妹，我不是阿森，你得叫我木鸟，你看我正在飞呢。

　　阿野扑哧一声笑了，做木鸟有什么好，飞得再远都会落到地上。

　　为了做出永远不落地的木鸟，阿森更加用功向她阿爸学习手艺。

　　阿爸问阿森为什么想学木匠活，阿森反问，你又为什么想学木匠活？

　　阿爸说，做木匠是件很光彩的事啊，哪家起屋立房都要请到，包吃包住,日子过得美美的。

阿森说,哈哈,日子不日子我才不管呢,我只是想用木头做好多好多东西送人。

阿爸翘起络腮胡哈哈大笑,好啊,没想到我的徒弟这么小就有喜欢的人啦?

阿森羞红了脸,脑袋晃得像陀螺,连声说没有没有。

阿爸又说,如果你成为木匠了,准备给她做的第一样东西是什么呢?

木匠说,我想做只真正飞得起来的木鸟。她一直想到外面的世界去,如果有大木鸟,就能轻松地飞过对面那些又多又高的山。

阿爸说,那如果她飞到外面再不回来怎么办?

木匠说,没关系啊,只要我做的木鸟能和她在一起,也是一样的。

阿爸不笑了,后来私下对女儿说,阿森真是个好孩子,阿爸很喜欢他!

阿爸意味深长的眼神看得女儿有些发窘,赶紧一溜烟跑开。

当野孩子蓬松的黄头发被一把看不见的锯子锯短,阿森长成一个手艺精湛的年轻木匠,锯、锥、砍、刨、凿、接、雕……十八般武艺样样精通。人人都说,再朽腐的木头到了木匠手里,都能重新活过来,鲁班再世一般。

木匠真正叫木匠时,阿野带着还是不能飞太久的木鸟去了外面世界。

一次过年回来,阿野去找木匠扯闲谈,说起城里的大马路,大房子,大铁桥,大商场,脚上的高跟鞋敲在木马上,咚咚咚咚像鼓在唱歌。

木匠则给阿野说,他什么时候和师傅一起给龙家造了座吊脚木楼,七柱七挂,半腰茶格门,气派极了;什么时候给张家打了个衣柜,左龙右凤横雕芙蓉,主人家特别喜欢,多给了他们好多工钱;什么时候又给李家做了个镂花窗,上面有蝙蝠、蝴蝶,讲不出的漂亮……

木匠问,城里有木匠吗?

阿野笑了,城里需要木匠干吗,高楼大厦都是钢筋水泥筑起的,木棒棒哪撑得起。

木匠又问，建那些高楼大厦也像造木房一样举行仪式不？

阿野说，城里房子都是有钱的大老板招工修的，边修边喊些漂亮的小姑娘、帅气的小伙子帮着卖，他们恐怕管不了那么多。

木匠想不通，不相信地问，这么说，我们修房子必须要整的请师、祭祖、撵煞、祭梁、谢恩、酬亲、抛粑、开财门，这些在城里都不兴？

阿野说，反正我从来没见过。

木匠说，那样的房子太高了，接不了地气，凉阴阴的，还是没得木房子住着舒服吧？

阿野笑得更厉害了，你担心什么，城里的房子有电有空调，想暖和就暖和，想凉快就凉快。房子老高老高，仰得你脖子都会断，不过才不用你辛苦爬楼呢，上下都坐电梯，嗖一下就到了。哦，城边边倒是有些木房子，不过好像都是穷人家住的，灰头土脑，全部是没爹养没娘管的丑小孩。

木匠说，看来还是没有我们修木房子有意思，记得小时候去抢抛梁粑，一个个都抢疯了。

阿野呵呵笑起来，是好玩，你每次抢得了，都舍不得吃，全给我了。

木匠说，知道你喜欢当然就给你啦，我现在已经把掌墨师在抛梁粑时念的词都背得了，要我背给你听听不？

得到阿野应允，木匠就开开心心地念起来：

嗨！一抛抛上天，天赐金玉满堂前；

二抛抛下地，地母龙神各归位。

……

我将梁粑四处抛，人人吃了步步高；

老者吃了添福寿，少者吃了中英豪；

幼女吃了绣花朵，书童吃了读书高；

剩下几个我不抛，留回家中哄儿曹。

阿野捧着肚子大笑起来，哈哈，羞羞，还留几个不抛哩，你拿回家哄哪个呀。

说完这话她突然感觉到脸在发烫，她看到木匠的脸也红了，好像有什么话已经涌到嘴边，又被他硬生生咽了下去。

这话一咽，卡在喉咙里堵了整整5年。

这5年里，发生了很多变化。

比如山上的大树木越来越少，造木房、打家具的活儿也越来越少，锯子斧子什么的堆放在角落里，一个个大眼瞪小眼，看着看着各自身上都长了斑生了锈。年轻人在外打工有了钱，都喜欢修和城里一样高大敞亮的砖房，置办的家具也多数是从城里家具超市卖的新式压木家具，油漆喷得贼亮，灼得人眼睛不敢直视。

又比如，阿野的阿爸去了另外一个世界做木匠，继续过他美美的日子，阿野嫁给了一个有房有车的城里男人，木匠也在父母张罗下，在自己的一栋小木房里过起娶妻生子的平稳日子。后来生了两个孩子，生第三个孩子的时候，老婆难产，送到医院太迟，大人孩子都没保住，反欠下一屁股债。日子越来越紧巴，木匠只得离开打了20多年交道的农村活路，去城里找其他活路。木匠不能做木匠的活路也是没办法的事，只有手头有活路做，他和他的家人才能活下去。

阿野就是在那个时候再遇到木匠的。以前干干净净一身木香的木匠成了胡子拉碴一身水泥味的泥水工，她差点没认出。

那时候的阿野已经厌倦了城市的高楼大厦，也坐怕了高楼大厦里的电梯。她从一个男人的老婆变成另一个男人的情人；情人没当多久，就流落到了大街上。没读什么书，找不到好工作，为了轻便地养活自己，就成了被人家称为"鸡"的地下动物。

在"鸡笼"里看到木匠，那一刻，天塌下来，地坍下去，她不敢抬头看他，也不敢相信是他。他付了钱，进了她的房间，却没要她的身子，只说，我听人说这里有个人长得像你，死都不信，就过来看看。我有两个孩子，你愿意跟我一起过日子不？日子也很苦，但我保证一定对你好。那一刻，她觉得阿森真是天底下最好的木匠，只有他还相信她这块已经腐朽的愣木鸡还可以改雕成一只金凤凰。

婚后他们回到寨里住了三四年，这几年里，阿野做回了村姑，阿森也努力想做回木匠。可是，寨里的木匠活实在太少，做了些木盆木碗木水桶拿到城里的集场上卖，十天半个月没卖掉几样，得的钱根本无法供养一家人的吃喝拉撒。没办法，木匠只好又到城里继续做泥水工，而阿野留在寨里照顾孩子。两个已经读书，一个在肚子里。

木匠死的那天阳光火辣。曾有人看到了他那天心绪不宁的样子。他到电话亭交押金准备打电话，话筒挨着耳朵都捂出汗水了，那边一头还是没半句人声传来，最终押金原封不动地揣回口袋。长途电话很贵，木匠一般都舍不得打电话。当天傍晚，木匠像只做工笨拙的木鸟从十八层楼上摔落下来。

工头说出事那天安排木匠和他几个工友推沙合水泥，砌水泥砖墙。工友也说看到木匠在推沙车，肯定是太累了，或者是被什么东西给绊倒，又或者是滑倒，总之最后木匠和沙车一起冲破隔离网，飘到了半空中。

阿野赶去现场的时候，木匠已经被拖去火葬场，只看到散开的沙子像以前木匠锯木板时掉下来的木屑，只不过木屑散发清香，而沙子刺鼻的血腥让人恶心。一会，阿野肚子痛得厉害，就在那里产下了她和木匠的孩子。她的血渗进沙子里，一会沙子就变成了世上最红的泥水浆。

那天是小满。古历上说：苦菜秀、靡草死、小暑至。

以前寨里的人死了，都是全尸埋进土里，而且必须由巴狄熊至少举行三天两夜的葬礼才入殓、上山、下葬。自从阿野的阿爸去世，帮人做棺材成为木匠接的最多的木匠活。城里有人卖家具,没人卖棺材。

木匠死在城里,阿野只能把骨灰盒捧回家。回到家才想起,怎么从来没想过,让阿森为他和她备下两副棺材。

阿野后来有点犯迷糊了,她喜欢把孩子放在沙堆里,说喜欢看他在木屑堆睡着时乖乖的样子。

她见人就唠叨,阿森在我身体里投胎了,我们不能做夫妻,就做母子。

她可能知道,也可能不知道,木匠阿森现在已成为一堆木屑乖乖睡去了。

鼓崽阿古，鼓女阿音

出生那天，鼓崽阿古的一声啼哭让院坝里快把所有蚂蚁给踩死的阿爸欣喜若狂，而后痛快地擂响三声花鼓。鼓棒欲断，鼓面战栗。

阿妈说，阿古的声音和花鼓声一样宏亮，不，阿古的哭声就是花鼓声。

果然，阿古自小便终日沉迷在花鼓声里。

对此，阿爸是始作俑者，并自始至终地怂恿。为此，阿妈不时责怨，看把娃崽教的，一天吃饱饭就晓得打鼓，打鼓打鼓！山上哪样活路都不会做，以后讨不到饭吃就啃鼓皮当饭吧。

阿爸说，活路我来做嘛，我的崽生下来就是应该要打鼓的。

阿爸还说，鼓声多好啊，能接纳抚慰我们孤独的灵魂，激励我们疲软的斗志，教我们永远都不会忘记：我们要么什么都不是，要么就是一个民族。

阿古感到奇怪，阿爸手里只有锄头和鼓棒，大字不识几个，这么深奥的话他怎么说得出？

有次阿爸喝醉了，眼神也是醉的。他说，乖崽，阿爹告诉你那些话是谁说……瓦窑是鼓者的天堂，她是鼓王的女儿，特好的一个人，可惜……

阿爸没再说下去,然后阿古看见阿妈端着醒酒汤走来了。

龙生龙,凤生凤,老鼠生儿打地洞。长大后的阿古成为和阿爸一样的鼓者,甚至更彻头彻尾,只要隔断时间不打鼓或者没听到鼓音了,阿古就会听到身体长苔藓的声音,从手指、脚趾一直蔓延到头发根。

15岁之后,阿爸开始时不时带阿古离开村寨,在大大小小的节日里为更多的苗人敲响花鼓。

阿古与花鼓的第一次华丽演出是在他18岁那年的四月八。

这个属于苗人的古老节日,不管在哪个村寨举办,总是有着非凡的热闹,人间四月天的大场坝,也总涌动着人山人海。几架硕大的四面鼓一动不动地蹲在场地中央,像一个巨大的烟花爆竹,阿古在那天被选派为最先点燃爆竹的幸运儿。

欢呼声中,阿古和其他鼓手一起上场。"嗨!"随着阿古旱天雷般一声大吼,数十对鼓棒齐刷刷击向牛皮鼓面,彩绸飘飘,几十面红漆花鼓被敲得撼天动地。

鼓点"笃!""笃!""笃!"

鼓声"咚!""咚!""咚!"

脚步"嚓!""嚓!""嚓!"

阿古和他的同伴们踏着梭步,奋力挥舞,侧身、屈膝、翻腰,做出播种、插秧、锄禾、春碓、推磨的动作……所有人的耳朵都被他们的鼓声叫醒,心魂被拽进美妙的云里雾里。

在场坝上美丽姑娘的呼叫声、尖叫声中,阿古第一次收获销魂蚀骨的美和快乐,满载而归的他从此声名鹊起。

为了那些迷恋的眼神,阿古疯狂地玩起技法。割麦打谷,栽秧种麻,山鹰展翅,鹭鸶伸腿,公鸡啄米,蛟龙出水,敲山震虎,弯弓射月,阿古逐日矫健的身姿和越发畅亮的鼓音激荡起更多疯狂。只是敲花鼓的阿古把心也给敲迷了,等到30岁出头,儿时的玩伴个个娶了亲当了阿爸,阿古还是只和花鼓是亲密伴侣，看着曾经迷恋自己的妹崽在失意后先后嫁作人妇，阿古有些沮丧，但也没办法，阿古知道自己的心不是响鼓，需要重锤才能敲响。

"崽，我这辈子最遗憾的事，就是没能和喜欢的人一起打场鼓……"弥留之际，阿爸水牛皮般的老脸滚落一滴浑浊的泪，阿古的心便也似那泪水划过的鼓面，一点一点被撕开。原来，只有观众没有舞伴的鼓者是寂寞的。

阿爸用三声花鼓为阿古接生，阿古用三声花鼓为他送行。

"我阿妈这辈子最遗憾的事，就是没能和喜欢的人一起打场鼓……"三个多月后，有人在阿古面前复述他阿爸的话，是衣装妖娆的鼓女阿音，阿古在看到她第一眼时，第一次忘了心脏应该怎么跳动。

鼓女阿音说她从瓦窑来，特地来找阿古搭伴表演鼓舞，如果选上便可以选送京城常驻演出。阿音的阿妈编了一支叫作"鼓爱"的鼓舞，但不知道为什么一直没有找到好的舞伴，阿妈等了一辈子也没等来那个人，最后带着从未面世的鼓舞郁郁而死。阿音传承了这支舞，听从阿妈的遗嘱来到阿古的村寨。

希望你会是我一直苦苦寻找的好舞伴，帮我完成阿妈的遗愿。不过，排练的过程不是一般的苦。阿音说这段话时一个字一个字地吐，像鼓点一下一下地打在阿古心沿上。

阿古爽快地答应了，不仅是想去京城去风光风光，更因为阿音说了和阿爸一样的话。

阿古跟阿音去了瓦窑，那里果真如阿爸所说，是鼓者的天堂，一个鼓声伴梦的地方，但阿古很快感觉到像被拉到了地狱。

你必须忘掉之前所有的一切，特别是些你自作聪明整的滥动作，你得从心开始，做一名真正的鼓者。你既然答应做我的舞伴，那么除非死去，不然不许反悔。训练的第一天，阿音貌似故意板着的脸让阿古忍俊不禁，但当她把"鼓爱"完整地示范一遍，便肃然起敬不敢再胡言乱语。

每次最难敲的是第一声鼓点。

当阿古的鼓点落地，阿音总说，不对，你的眼神不对！

不对？

阿音说，我们不是在敲鼓，唤醒耳朵只是第一步。

那应该是怎样的眼神呢？

阿音说，记住，我们要望向东方，风韵婀娜的东方，有我们的黄河故乡，我们的洞庭故乡，我们的五溪蛮故乡，我们苗人千年颠倒流离，故乡实在太多，但它们都只是一个暂时的收容之所。所以，你眼神应该是沉重的、沧桑的，你敲的不是鼓，你是在敲开历史之门、记忆之门。

要让鼓声恰到好处地落在鼓沿上，也是件不易的事情。

阿音说，鼓声的到来，要像在骷髅中开出一朵桃花来，鼓的皮从我们敬重爱戴的牛身上剥下，绝不能有半点薄情和辜负，我们要通过还留有血管脉络的鼓，成为苗人的英雄，穿越时空，亲临古战场，驾御鼓声，去参加一场又一场哪怕最终都会输掉的战争。

打了20多年的鼓，到头来阿古才发现自己根本不认识鼓，也根本不会打鼓。当阿古无地自容像被斗败的公鸡，阿音桃花般的唇封住了他想要开口说放弃的嘴。

鼓棒当一声掉地上，鼓声从他们的心脏一同响起。

鼓舞编成，阿古、阿音双双累得掉脱了几层皮，正符合"鼓爱"里爱得形销骨立的男女主角形象。成功演出时，阿古终于知道和看到，阿音给他说的舞台有多大有多远。以前仅在村寨和县城打鼓就沾沾自喜的他，面对无数黄头发、蓝眼睛的外国观众，终于亲身体会了一把花鼓之于苗人的更多意义。

那个时候，阿古才真正明白，阿爸说的，确切是鼓王女儿说的关于鼓的事情——

时间摧枯拉朽，我们会经历鼎盛没落，我们将承受荣辱苦难，我们可能会忘记自己的祖先姓名，但不管怎样，我们都不能陌生我们的鼓声，不能忘记我们身上流着怎样的血液，我们要让吃穿住行都和鼓在一起，我们要让我们的鼓声生生不息，我们的任务是提醒和告诉族人，千万年前我们从哪里来，明天后天我们应该去向哪里。

那个时候，阿古也才些微体谅阿爸的遗憾和秘密心事，能对花鼓有如此领悟的人该是怎样一个卓越女子，阿爸的离开和逃避，定然是自惭形秽，知道自己配她不起。

鼓声陪伴了阿古和阿音在京城的大多数时光，他们的鼓声一天天成长，他们的爱情也在鼓声中一点点成长。为了心中的热爱和怀想，他们一起甩开手臂敲击花鼓，盖过城市喧嚣，穿透灯红酒绿。

当日光消失于水泥森林，游客散尽，红中浸暗的花鼓无人敲击，城市既喧嚣又冷清。终于可以休息，摸着还有余温的鼓棒，替阿音取下黛色丝帕，阿古喜欢拥阿音在怀，久久地眺望故乡桃城的方向，莞尔一笑年少无知的轻狂。京城很大，背井离乡的他们因有大红花鼓在身边，从不感觉到凄惶。

成为恋人，是自然而然；做了夫妻，是顺理成章。熟悉内情的伙伴羡慕并感叹，阿古的阿爸和阿音的阿妈在天有灵，一定很欣慰，他的娃崽，她的妹崽，成了夫妻，并让苗人的花鼓声走出山寨，笑傲天地。

最终决定急流勇退回桃城，让一起在京城驻演的大伙十分不舍也不解。阿古、阿音说，他们想要生个孩子，不能再演出了，等孩子大了就在寨子收好多好多的徒弟，阿音教妹妹崽，阿古教娃娃崽，让大家伙笑出了眼泪。

鼓崽阿古和鼓女阿音的事先说到这，最后说说放在他们家堂屋里的三面大鼓：

有面鼓是阿古的阿爸的，他在鼓的背面写道：我若在某一天死去，那是去向另一世界出征，请让巴狄熊为我组织敲三天三夜的大鼓壮行。

有面鼓是阿音的阿妈的，她在鼓的背面写道：请将我和我的鼓棒还有我心爱的男人葬在一起。

有面是阿古和阿音的，他们在鼓的背面写下：我们决定永远在一起，一起用鼓声时刻提醒族人和自己，我们是蚩尤的后代，我们应该背负起怎样的使命。

无方绣品

后来人们都说，她是桃城最美最幸福的绣娘，是上天派下来教苗族人刺绣的。前无古人，后无来者。

她的眼睛如清澈井水，脸蛋像三月桃花，一双巧手似剥皮葱苗，看见她指间膝上活灵活现的鲜花，蜂蝶会络绎不绝地从草木中扑来。

乡亲们都亲切地叫她：汝汝。

她只要看见人们的嘴可爱地嘟起来，就知道是在叫她，然后便会更可爱地笑起来。

她不是用耳朵而是用眼睛来读人们说的话，就像哪样颜色的绣线有哪样颜色的梦想，她是用手来感知和体现的。

她绣过世间很多美好的事物，而所有经她之手绣过的事物，都比原物美上千倍。

为什么要绣花呢？汝汝初学绣时听阿妈说，是因为老祖宗在迁徙中把先祖创造的文字失传了，妇女们只好用针线把发生的大事绣在衣服上，让子孙后代莫忘记。汝汝常在心里想，我该把属于我的什么大事绣在衣服上呢？

有一天，汝汝陷入了苦恼之中。身体里开出的红花让她明白，她已长成了真正的女子，真正的女子的身边应该有一个真正的男子相陪，而她的男子，会是哪一位，又在哪里呢？

她仍旧绣龙腾凤舞，绣鱼游蝶飞，绣莺飞花开，绣百鸟齐翔……但再不成双成对地绣了。相对啼唱的雌雄鸟儿会让她耳根发烫，轻吻花瓣的蝴蝶会让她身心激荡。

后来，她常常梦见一个用歌帮她把绣品补齐的身影。她若绣了一条鱼，他的歌声会变成一条鱼，和它作伴；她若绣了一只凤，他的歌声又会把龙引来，一起缠绕。她告诉自己，一定要找到这样的男子。不然，宁死不嫁。

于是，她那尖细的绣花针不知刺痛了多少颗前来求她绣品的男子们的心，他们欢喜而来，沮丧而去。最灵验的仙娘也卜不出，什么样的男子能成为她心的绣像，获得她的无方绣品。

那日，鸿雁飞来、草木萌动、惠风软软，柳色青青，蝶雁翩翩。汝汝和伙伴们穿上最宝贝的绣花新衣，佩上锃亮的环佩，一起去参加"然绒"祭祀。在那片欢乐的汪洋里，人们共同祈求龙神护佑天地众生风调雨顺、吉祥安康。隔得很远，她还是见到了远离人群的他，俊美无方的他。

在他同样俊美无方的歌声里，她娇俏的桃花脸覆上红云，那颗跳得咚咚作响的心，一生一世地感动了一回。

他在歌里说，喜欢看她穿绣花围腰的样子，那是苗族人世世代代无字史书中的扉页：以黛黑色的绒布做底子，衬出光艳无比的花鸟虫鱼；以纹饰和色彩为表达方式，述说中暗含深奥的历史和爱情秘密。这些流动在线条中的有密码的花鸟，与围系它们的她一起轻转袅娜，且端庄，且妩媚，且朴茂，且烂漫，步步生色，步步生香，令他无法控制自己狂热的心跳。

她俏脸羞红，周围安静极了，只有他在独自为她歌唱。她等着他向她走来，向她唱讨糖歌，问她下一次见面的时间地点，没想他却转过身，和另一女孩牵手而去。

针头穿过她的食指肚，丝线被绣进肉里，她也未曾察觉。

她确定梦中见到的那个人就是他，但她不知道他为什么不肯走到她面前来。她明明听到他在歌里唱道：

这种场景在梦中无数次出现，
我只想死死地看你不管别人，
你若梦醒就离开我愿不醒来。
认真思念身体就认真地消瘦，
过分忧虑面容就过分地憔悴，
问一声我是否也出现你梦中？

她把为他流的那一滴血绣成了一朵桃花，把血染成花瓣上的红晕。

当那天牵着他手离开的女孩再次出现，告诉她：她是他小妹，他是她大哥，他怕自己配不上她，不敢向她讨糖，唱那些比糖更甜蜜的讨糖歌。

一切释然，她为他流下第一滴泪。她所它绣成了一朵荷花，把泪凝结成莲蓬上相思的露珠。

后来，她为他绣龙，任想象天马行空，任绣法无拘无束。她在极度的虔诚中绣出厚重而细腻，雍容而华贵的龙，求保他平安赐他幸福，掌五谷丰登，司六畜兴旺。

她为他绣凤。她想他应该晓得，彩凤之于苗绣，犹如爱情之于人类，千万年以来一直被反复吟咏。那一刻，绣线如虹，绘得彩凤，如翔如仁，如舞如伏，如歌如语，遗世独立，倾国倾城。她希望，天地人间和美、和谐，无上吉祥。

她绣上七彩石榴，想到其中儿孙满堂，福碌绵延的含义，她的脸开了一朵朵桃花。

她绣上七彩鲜花，希望花好月圆，两情缱绻。

她绣上七彩游鱼,祝祷日日安好,年年有余。

她绣上七彩蝴蝶,祈愿得蝴蝶妈妈的护佑,爱情甜美,婚姻幸福。

她让那些鸟儿鱼儿花儿奇迹般住在了一起,我牵着你,你挨着我,微笑着,不言不语犹胜千言万语。

每收到一样她的绣品,他都会用手细细抚摸,然后用一夜的歌子来回赠。他说只有用指肚才能感受到她每一样绣品的温度,领会她每一件绣品的深情含意,他要牢牢把它们记在脑海里,永生永世不忘。在他歌里,她是俊美无方的人,她的绣品是俊美无方的绣品。当他拥她在怀,他用歌声告诉她,即使以后这些绣品渐渐磨损褪色,线头掉落,他会依然珍藏;即使她的掌茧和针疤无从藏匿,两眼昏花手指发颤再也绣不起,他依然爱她。

最后,她给了他她最美的绣品,那就是她自己。

她用她的绣品布置了一个姹紫嫣红的小王国。气势恢宏的幸福浩浩荡荡地降临到这方国土,端坐在绣花床单上的她一身嫁衣,红装银裹,眼底按捺着喜悦与羞涩。在她身后,是用红丝线精心绣就的祥龙、瑞凤、麒麟、繁花、俏蝶、鸳鸯、喜字,她特意为他把它们绣得凹凸有致,他确也用手感受到了热烈的欢喜、厚重的欢乐。苗族人的幸福如此磅礴绚烂,也唯有她和他才能作这般生动而深情的细叙。

无数绣品默默无语地陪伴着他们的生活,在时间和光影的罅隙里歌唱。

每次她的绣品把柜子装满的时刻,就是他请人为她又打制一个新木柜的时刻。那都是请远寨子最好的木匠用最好的青冈木打的。

蕴藏了他们千言万语的绣品,在他们心的柜子里自然散发出迷人而含蓄的光芒。冷暖浓淡,色彩丰美妖娆。每次亲密地碰触它们,他就会想起他的师傅曾在歌里告诉他,关于苗族的苦难,关于苗绣的绚烂。那一刻,他幸福无比,紧紧将她和它们拥在怀里,生怕下一刻时光和命运让他们分离。

他老了，歌声沙哑，在她耳里听来，一字一句依然动荡着心。

她老了，针脚粗疏，在他眼里看来，一丝一线依然穿连着心。

她是把爱，一点一滴地绣给他看，就像他把那些甜蜜而柔软的歌子，一首一首地唱给她听。

她爱他的歌声的深度，只比她爱他浅一点；他爱她的绣品的浓度，只比他爱她浅一点。

他们生下了一对可爱的崽。妹崽继承了她的绣艺，娃崽继承了他的嗓音。

妹崽喜欢绣石榴花。她对正在上学堂的妹崽说，绣石榴好，多子多福。妹崽脸上娇俏的红沸腾起来，嚷嚷说不是不是。妹崽说只是喜欢石榴的饱满、红艳，身子里包裹着很多颗心，一颗一颗晶莹剔透，当她教妹崽用柔软丝线绣就石榴的枝、叶和花，一个个开得超凡脱俗，也惊世骇俗。妹崽说，阿妈，我听阿爸讲，在他心里，你和你的绣品就像这些石榴花的心一样美。

小小妹崽不懂世间绣为何物，不懂为何她的阿妈可以心甘情愿地为一种纯粹的向往而牺牲她生命里珍贵的大半时间，低下头去，俯视它，触摸它，呈现它。妹崽日日瞧着尘埃中的阿妈身披霞光，一针上，一针下，虽手茧硬硬，眼眸昏昏，却圣美绝伦。

娃崽喜欢唱歌，更喜欢记情歌。在远方城市工作并安家的娃崽用一种被叫作苗文的拼音文字记录他所听到的每句歌子。娃崽说，阿爸，我听阿妈讲，你编唱的情歌子，就像我们书上的诗歌一样美妙，她说我只有用唐诗宋词一样古老而美好的文字，才能贴切地翻译出你歌里的意思。

小小娃崽不懂世间歌为何物，不懂为何他一字不识的阿爸何以编出那么多天籁般的歌子，百天百夜都唱不尽诉不完。他的阿爸坐在吊脚楼屋檐下，托着下巴，就那么面带微笑地唱，望向远方的表情，是满满的享受。

后来,他们相继去世。他上午,她下午。

应该是突如其来,但他们似乎早有约定。

直至他们合葬一柩,像两只沉默在黯淡绒布上的鸳鸯,很多人都未曾明了,是什么原因让他们相爱了一辈子。

她,是一个耳聋的苗绣女。

他,是一个眼瞎的苗歌师。

八人秋千

月亮慢腾腾起床了,拉了几个星子出来慢悠悠地走,从西边来的秋风淘气地摇晃横斜的银杏枝桠,漫起的草木香气掩住白天的酷热,老婆婆就在这掺杂有月光的黑暗里挨着老爷爷看星子。

秋风转过身子去摇晃秋千架,一会就摇得院子风景如画。老婆婆白发苍苍,老爷爷两眼昏花,他们在秋千架上有一句没一句的唠嗑,在秋千架旁,银杏叶子有一片没一片地落。

老婆婆说,老头子啊,我们一起过了这么多年了,但有个事我一直埋在心里头,现在想摆给你听,你别怪我好吗?

老爷爷说,怎么会怪呢,我们都一大把年纪了,还有什么过不去的呢?其实你说不说都无所谓。

老婆婆说,我也想让它烂在肚子里,可难受得很,讲出来就不用带到棺材里去了。

老爷爷说,好,你说,我听。

老婆婆说,那天和今天一样都是立秋,我14岁的生日呢。那天穿的什么呢,哦,是母亲给我缝制的淡蓝苗裙,绣有蝴蝶、鱼儿还有艳艳的荷花。好多学生从城里来到我们寨上游玩，自己捡柴生火烤东西吃，还在寨前的大坝子唱歌跳舞，玩老鹰捉小鸡，热闹了全寨子。后来，坐在秋千上悠悠晃荡着的我被他们发现了，便一起围拢来，向身旁的老师吵嚷着，老师，老师，这个秋千好有意思，让我们也坐坐吧。

老爷爷说，是啊，那时我也在，就在你身后。我原本在推着你荡秋千，你越荡越高，笑声都快飞到天上去了。

老婆婆说，那老师和气地问，你叫什么名字，这是什么秋千呀，像一台巨大的纺车，又像一面大锣鼓，一下子可以坐好多个小朋友。我笑了，说，这秋千才不是娃娃崽坐的呢。

老爷爷说，那时的我们都不知道八人秋是怎么制作出的，更不知道它里面的含义。只知道在立秋这天，寨上的人们都会停止干活，穿上最好看的衣服，一起到秋场上荡秋千，唱唱歌，跳跳舞。

老婆婆说，后来那老师也笑了，请我同意让他的学生坐坐八人秋，他们从来都没有坐过这种奇怪的秋千。我笑着答应了，然后看着他小心翼翼地将学生一个一个抱上秋千，有好几个还是妹崽呢。在寨上，我所见到的，妹崽们都只是在小的时候才能得到男人的拥抱，而且都是阿爸。一个年轻男子的怀抱，是怎样的一种温度呢，我不敢往下想，也不敢看他，他后来说了什么话，我一句都没听清。

老爷爷说，我看到你的脸突然红了起来，而我的手心在发烫。我每次带你坐秋千，可从来不敢像这样子抱你。抱着你时会是怎样的一种感觉呢，我不敢往下想。秋千旋转起来了，你的脸也开始在我心里旋转、摇摆。

老婆婆说，我完全没有想到的是，我上初中后的第一节课，踩着课铃声进来的语文老师，竟就是他。那一瞬间，我呆住了，他似乎也愣了一下。从此，我坐在教室第一排，悄悄地凝视着他的表情，静静读着他的唇语。他吐出来的每一字每一句好像都有着磁性，像银杏果一样。他每节课都会留十几分钟给我们讲一个有诗或词的故事。每当他在教室里信步，与我擦肩而过时，总希望他停留在我身边的时间能多一点，再多一点，那样，他充满磁性的声音就会一直响在我耳际，像歌师们荡八人秋时唱的歌一样好听。

老爷爷说，我也上了学，不过可惜没能和你一个班。当你给我讲起"人面不知何处去，桃花依旧笑春风"，还有"春如旧，人空瘦，泪痕红浥鲛绡透"的故事，说都是你们老师教的，我听得似懂非懂，暗暗妒忌你有一个好老师，并在你的眼里看到他的影子。那时，校园的古槐树好像整天整夜都在下着槐花雨。

老婆婆说，初中毕业时，各班都在开毕业晚会，我悄悄地站在他寝室外告别。我不知道自己的眼泪是什么时候流出来的，直到手脚冰凉才离去。

老爷爷说，唉，我就在你的背后，听到了你眼泪跌落的声音。默默看着你无声离去，什么也做不了。初中三年，直到离开，我都没有勇气正视你，更没能把那句我一直想对你说的话说出来。那时，槐花早落得一瓣不剩，满树细圆的叶子。

老婆婆说，我的成绩还算好，特别是语文。进了志愿中的学校，我写了一封信给他，没留地址也没落姓名。信里也没有什么文字，只反反复复提到："好想不要毕业，听您给我们讲那些有诗词的故事，永远都在继续。有时间再去我们那里荡八人秋吧……"我在"你"字下，小小心地填了一个"心"字。后来——这样的信，自然不会有回音。

老爷爷说，信是我帮你去寄的，为此我第一次迟到并旷了一节课。你问我寄一封信怎么去了那么久，我一直都没敢告诉你。我看到他和一个女人说笑着走过，就私自作主把你的信扔进了河里。我想保护你不伤心。现在想起，实在对你不住。

老婆婆说，没有，对不住你的一直是我。几年后，我毕业了，分回到家乡的小学教书。你也来了，但我仍不知真正原因，我只知道无论我做什么,你都会和我在一起。

老爷爷说,20岁的你,成了众多男老师追求的对象,但你都没有搭理。我高兴,同时又觉得难过。

老婆婆说,那天去城里参加活动,在新修的广场,我看到了铁制的八人秋千,可不知为什么,抬板没有安装,没法坐在上面,空荡荡的,像一座冻僵在河床再也无法转动起来的水车,可能由于长期日晒雨淋,架上已经长出斑驳锈迹。然后,我看见他从对面走来。我以为他一定不会记得我的,我从来就渺小得像夜空里的一朵雪。我压制着快蹦出的心,鼓足勇气,近似贪婪地盯着他渐近的身影。在我以为他就将擦肩而过时,我听见他清楚地叫出了我的名字,并问我,你怎么在这里,你在等谁吗?我忘了自己在慌乱中是如何回答的,但肯定没有说出那句"我在等你"。尽管我一直期待这样的相遇,但直到他转身离去,我始终没有勇气告诉他,这几年我一直都未能把他忘记。风中,我再次清晰记起了很多年前八人秋千旁他的怀抱,教室里他的目光,他的身影,他的声音,他与我擦肩而过的各种情节。

老爷爷说,其实如果挽留住他的背影,你肯定无法承受他结婚的事实,还好,你呆在了原地。

老婆婆说,也许是没有勇气吧。又是几年过去了,我还是没有找到能替代他的人。我开始学填词,尽管不明白词律,也不去管那些古老的平仄。我妈说,妹崽,该嫁得了。我立在风中,无声地大喊他的名字。

老爷爷说,终于,你鼓足所有勇气又一次去了母校。其实,我也是鼓足了所有勇气才能伴装平静地陪你。可是在学校前,你在一辆擦肩而过的大巴车里看到了他的身影。一个女人依在他肩上,幸福而娇媚。你的眼泪重重地滑落在我掌心。我不敢告诉你,这便是我当年给你送信时看到的女人。我只能把你紧紧抱着怀里,任你靠在我肩上哭泣。我依然不敢对你说,我爱你。我知道你一直把我当作你的哥哥,能做你的哥哥也蛮好。

　　老婆婆说，我很快就开始了很多场没有爱情的恋爱，走马灯似的相亲、换男朋友，我不再读词、填词，尽管这些曾经都是我最爱做的事情。我不知道我心思遗落在哪里，还对什么存有兴趣和激情。反正日子总是这样过的，千百年来人们还不都是这样生活，有爱无爱，都得吃饱穿暖了才能活下去。

　　老爷爷说，我就是那时开始来学习制作八人秋的，我要做一架世上最美的八人秋，安在我家院子里。那时我已知道赶秋的由来，有关于一个叫巴贵·达惹的男子的思念。他外出打猎射落山鹰时捡得一只绣工精巧的花鞋，心就怦怦地动了，为了找到绣花鞋的主人，便设计、制造了这种可以同时坐八个人的风车形秋千，期盼着他魂牵梦绕的姑娘也来看稀奇。哦，我在做着这八人秋时，多么想告诉你，我一生梦寐以来的东西，就是想像巴贵·达惹那样找到他的心上人。我想要你坐上我的秋千，然后和我一起回到荡秋千的少年。

　　老婆婆说，当我坐上你做的八人秋千，我真的回到了少年。你邀了你最好的朋友，又约了我最好的朋友，我们一起飞扬在飘摇、旋转的世界中，一个个都成为世上最漂亮的蝴蝶人。当你从背后轻轻挽住我的手臂时，抚摩你粗砺的手背，我笑出了眼泪。我笑自己实在太傻，不知道幸福原来一直在身旁。

　　老爷爷说，那时候，我看到了你闪着泪光的眼睛，就和现在一模一样。我的声音变得沙哑，我说，原来你也爱我呀，我们好像都是大傻瓜。

　　我真傻，真对不起你啊，那么晚才知道你欢喜我我也欢喜你……老婆婆说着说着掉下浑浊的老泪。

　　老爷爷一动不动，只是把头仰得一高再高，睁大眼睛看天上的星子。唉，对不起你的是我啊。我骗你了一辈子，一直不敢告诉你。每天都想着一定要对你好，作为补偿。

老婆婆说，嗨，我们真的都是大傻瓜。我们就这样傻下去吧。

月亮被瞌睡虫找上，已开始睡眼惺忪，打西边来的秋风也已归心似箭，懒得摇晃横斜的银杏枝桠。老婆婆、老爷爷相互搀扶着起身回屋，让星星和星星单独说话。

院子里风景如画，秋千架下积了一地黄灿灿的银杏叶。

舞　者

桃城。夜。

主持人报幕：下面，请欣赏双人舞《那场雪》，表演者……

一会，我一个人出现在湛蓝的聚光灯下。

主持人眼里闪烁着疑问，我已用手势告诉后台：准备就绪，可以播放音乐了。

幽婉的音乐在舞台上空飘然而起，掩盖了观众的哗然和好奇。

纸质雪花开始坠落。我看见了自己灵魂的样子——和我身上的衣裤一样雪白。我寂然立在铺满蓝色灯影的舞台上，拿一支银簪，执一把纸红伞。

音乐中，我把自己带到了上世纪末的那场雪，我把自己舞作了一瓣飞雪，我把自己和银簪红伞站成了一道风景。

我侧身向着人们。我的眼角能瞥见自己映在幕布上的影子——真的是形只影单。我的头颅缓缓仰起，望向心中的那个有雪天际。我的眼和心充盈着落寞，也充盈着期待。我独个排练这个动作、开始这支舞的序曲时，总会联想到"念天地之悠悠，独怆然而涕下"之类的字句。我仰起头了，我看见幽蓝幽蓝的光影，大片大片的雪花在我身际飘散。我为这支舞所准备的激情都集蕴在这一个仰望里——像故事所有的情节都藏匿在最初的开场白。

我慢慢转过身子，踏着蓝色光影，一步一步走向前台，每走一小步，我低埋着的脸都上仰一点点，像合着的书被风吹开，再一页页地翻开，翻开。当我平视台下的脸孔，只见密集在辉煌灯光下的，是一团团墨色的云朵。我希望你也在那里，而且一定是红色的云朵。

起舞，弄影。我舞动的红伞搅乱了雪花飘落的节奏。

我踮起脚尖，开始轻跃，开始旋转。红伞也和我一起不断地飞跃、旋转——想起我们曾在风雪中这样轻跃、旋转，身边的你，彩妆淡抹——眼影粉红，唇彩嫣红，腮红浅浅——像极了一朵待绽的桃花，而我就是那朵偎在蕊边的雪。我轻轻地拥着你，轻轻的。

我张开双臂向左右延伸去，看见灯光涂蓝了我宽大的白色衣袖。我想揽或接住些什么。伞，红红的纸伞不知何时离开我了。

埋低头！双臂合拢！抱紧！

我不停地舞着！醉也似的舞着！疯也似的舞着！我的眼前已只有你，只有那场雪！

我的回忆继续在舞动的肢体中游行、奔走。记得那天我们一起编排的《那场雪》终于完成了，幽婉的音乐中，我们共同演绎了一段悲欢离合的爱情童话。走出门，迎接我们的是满天满地白得出奇的雪。我们奔跑起来，在旷野中大喊，我们伫立在朔风中，任大雪飘淋不觉寒冷，我们只感觉到幸福。

我们在真正的雪花中共舞，没有音乐——音乐已住在我们心里。大雪缓缓倾来，默默飘飞。当最后一个舞蹈动作结束，我情不自禁吻了你，你围着杜鹃围巾的面颊滚烫，看着更似杜鹃了，我们的心像雪花一样融进了彼此滚烫的脸颊。你在我耳边轻轻地说，带着我们的舞蹈，一起去南方吧。我没有说话。你独自在我眼前满脸憧憬地笑了，我的笑绽开并盛放成满天的雪。你后来果真去了南方，从此再没回来——我依旧无语。年少轻狂的我也曾走过这样的路，现都成了美丽又辛酸的记忆烙印，我终究回到了我的出生地。从起点回到起点，我真正懂得什么是我这辈子永不可逃离的宿命。你即将起程的地方是我曾经路过的站台，我没有理由怀疑或责怪什么，惟有祝福。每个人都该走出去，该回来的时候再回来，像鸟儿应该离开树窝飞向天空才能学会飞翔一样。只是，我的笑在那时却突然黯得像一朵在明媚阳光里即将融化的雪。

幽蓝的灯影中，我起身高高跃起，瞬间跌落在地，瞬间又跃起在雪空中，像在满天纷飞的桃花里时起时落的白蝶。后来我缓缓挺身站定，衣衫飘摆，像春风中的桃树。我永远都忘不了我们在风雪中牵着手一起完成这个动作时你的样子，你高高跃起后瞬间跌落瞬间起舞的样子。你幽黑亮晶的发线花一样绽开，水一样流窜，云一样移动。现独个完成这个动作，不由想到了已遥遥在远方的你，挂念起你现在的生活姿势是跌落还是起舞。

你走以后，我再没见过雪。桃城的冬天越来越暖和。也许是你走的那天，雪下得太多太大，将此后几个冬季的雪也一并下尽了。你将一把红伞留给了我，自己围着蓝围巾走了。你说你会回来，只要我在等待。没有你没有雪的冬季，我就会跳起这支舞，在音乐中穿梭，我的心空就会下雪。在我们两个人的思想概念里，雪是天与地结晶，是他们最忠诚最美丽的儿女，她们从诞生到消逝，每时每分都在为美化天地而竭力竭心。私底里，我想你永不改变这个概念，不管身在哪里，想听就能听到天边传来的幽婉音乐，在我想你的时候想我们的舞蹈。

我把头深深地埋进了臂弯，不知为什么，我的视线有些模糊，心有些怅惶。我祈望你能快些回来，在异乡的跌倒滚爬中能早些想通和明白，在这个世界上，桃城是你最可爱和最值得爱的家园。我相信你终将归来，就像我终也回到桃城一样。

在幽婉的音乐中，我忘我地尽现我们一起编排的每个舞蹈细节。每一个动作的发出收回，甚至一个眼波的流转顾盼，从心到肢体，都宛若微笑从脸上流露出一样自然。我想，在这个舞蹈中，我一点都不孤独。你和我在一起。

我的骨骼一直保持着儿时的柔软，我把自己弯曲成了一座桥。想象当你在风雪中归来，走过桃城南边的那座石拱桥，你就会看见，我执红伞在青石板街尽头等你，等着把这支银簪别到你鬓上。我看见我们的亲人和朋友打开雕花的木门，满含微笑，为我们的重逢拼命地鼓掌。

掌声清晰。

一个人的肢体语言是他灵魂的舞蹈，我深信不疑。共满天的纸质雪花，我看见我们雪一样白的故事在音乐中渐渐绽放，渐渐消隐。不知道结束之前，有没有人在音乐里肢体间读懂我们俩编排的舞蹈故事以及我们俩自己的故事。当音乐渐近尾声，一缕柔美的光线如融化的雪水漫浸下来，我整个人沐浴在光亮之中。雪花遍地，人们看见我脸上不断漾开春天的笑容。

还记得我们最后的一个舞蹈动作吗？你婴儿一般恬静地睡在我怀里，我们额头挨着额头，小红伞在我们身后杜鹃般灿然开着。我轻轻地把你和雪花一起拥着，全世界只有雪花和你。

掌声再次响起。凝神在音乐尽处，我人怔怔的。

我等着一场雪，像桃城的桃花一样盛开；我等着你回来，回到我们的桃城。

——以上文字，谨献给一位桃城的朋友，舞蹈《那场雪》的创作者。内容纯属虚构，如有雷同，纯属巧合。

脸　说

爱人

他下载了部电影说一起看，看着看着却鼾声响起，把属于韩国面孔的剑拔弩张生死存亡留我独自隔岸观火。

零点零一分，我回头端详身边熟睡着的脸。

黑黄肤色的额头上有一条较浅颜色的疤痕，像条已经钻进骨髓再扯不出的线形虫。和我阿弟一样，是调皮捣蛋的七八岁，送给现在直到将来的记念。

厚嘴唇抿着。形状、轮廓、色泽都越来越像他的爸爸。而我们正在成长的孩子，捡了他的国字脸，捡了他的眉间痣，捡了他的单眼皮细眼睛，唯独没捡他宽大厚实的嘴唇。

此时，我心平如镜，但并不意味这是一张老脸丑脸，更不能说明我已遗忘它曾在我内心引发过的激荡。

脸上的双眼紧闭着，这一刻没有单眼皮与双眼皮的对视，没有光与光的对流。我享受过它柔曼倾泻的柔光，也忍受过井喷而出的火焰。当对

154

一个人真熟得不能再熟，便会觉得那眼睛已不是心的窗户，是玻璃城门，看似一目了然，其实都是自我折射。从看眼睛不是眼睛，到看眼睛还是眼睛，最终在瞳仁里看到的是渺小的自己。

属于这张脸所辖版图的嘴唇，热烈地亲吻过我，也给过我无数把心耳锥出血的话语，其中包括埋怨我的文字里很少出现过他，暗示或宣泄了我对他的不在意，让我讶然看到一张无爱不欢的烟火女子的脸。往后的时光说短暂也漫长，不知我们还会再爆发多少真枪实弹的口舌之战。

让人心弦绷紧的韩国电影一秒一秒走向完结，还好迎面而来的是个较明媚的结局。看电影的我不知自己的电影何时会戛然而止，但肯定没有人家的精彩跌宕。看着身边男主角分分秒秒衰老着的脸，知道自己也正在不由分说老去。眼角生起水，积成潭，被不知从哪来的风荡漾了一下，不由挨近去，亲了一下，疤痕的位置。

一辈子，就这样心无旁骛地看守着一张脸老去吧，直到彼此都只剩下空荡荡的骸骨。

死人

我好几次在梦中挨近一张脸，它和活着时一个模样，像温厚的晚暮阳光涂抹出的颜色，临了却喷上一层轻薄的月色。满络腮的胡茬在黑框眼镜也还在。他完完全全完完好好是我的大舅。

大舅死得突兀，作为亲人，知道他患有心脏病，心里多少有些准备，但还是无法接受它来得那么早那么快。他走的前天晚上村里办喜事，他还和大家唱了一夜苗歌。完成在人间为大舅娘做的最后一件事后，大舅突然跌倒在地，任大舅娘哭求得惊天动地，到大舅那却都如泥牛入海。医生一次次电击，大舅的脸再没有像电脑显示屏那样重新展现鲜活的图像和影音。

巴狄熊主持的葬礼三天两夜，亲戚朋友在锣钹声巫辞声中陆续赶来。棺材边大舅的遗像是用一寸证件照翻拍扩大的，像素很低，大舅46岁的样貌在显像纸上静止，像朵柚子花开在迷离雾水中。

大舅葬礼的最后一夜，屋里屋外坐满守灵的人，有的围成一桌打麻将，有的围在火盆边聊家常，其中有人说到，修穿村而过的大马路前，我大舅不该屈服他人的威逼利诱把好端端的家给拆迁了；即使拆迁了也不该乱建新房子；即使乱建新房子也不该建在路桥的正对面；即使乱建在路桥正对面也不该忘记砌道围墙拦一下——桥是弓路是箭，它们狼狈为奸，箭箭穿心，这样的风水是人都难逃生天。

这样的话听多了，大舅都已经死去，我还迟到地担心着，几次在梦里催他搬出去。

又一晚，我梦见大舅回家，还是老样子，镜片闪闪发光。我扑到大舅怀里痛哭：大舅你死的时候我就没相信，但那么多年过去了，你一直没回来，我这才不得不相信。你真的没死？你是怎么回来的？

大舅脸上似乎在苦笑，又似乎在微笑。他说，我没死，我是假死……大舅结下了什么仇家？梦里有交待，但我忘了。我担心大舅这般死而复生，他怎么出门？怎么见人？他岂不是一生都得隐姓埋名下去？这会是一种怎样的活着？

后来和二舅、四舅聊起，他们一脸惊异，说他们也做过类似的梦，大舅的脸清清楚楚，说自己是假死的。

巫人

那是一张忘记或不愿记起自己年龄的脸。脸上波澜壮阔壮志凌云，硬是不肯老去。怎么能那么快就老去？他说，我还得向天再借些年，五百年不肯，五十年也行。天不借，不怕，他说他还可以到鬼国去借。作为年过半百的一个巴狄熊,他确有这样的野心和能力。

前不久,他在一次摆谈中谈起,"人说,幼年生怕依靠无人,成年生怕知音无人,暮年生怕后继无人,这些我都经过,但怕过就不怕了,现我怕群体消沉……"不知怎么,后来想起竟觉句句惊心。美人迟暮,英雄老迈,时光的化骨绵掌,男人和女人,哪种属性的心魂更强大,哪种材质的躯体更耐磨?

那样的脸,像神的脸,也像鬼的脸,我没见过神鬼,这样说,只是觉得那实在不像张人脸。这张脸,一度给过我迷人的微笑,吐露出动人的鼓励的话语,但很快离我极远,消失的速度胜过念诵得最快的一句巫辞,远得我已经不能看到是不是脸了。

以我一张俗脸,确实不能让他的目光停留多久,他的时间确实已不多,他已为他的一生定下使命,如果可以,他一定希望他的脸能化成太阳带给族人光明,在照耀中不朽。如果可以,我愿把他渐显菜色的脸上那双如父如兄般的眼睛关在我的眼睛里,再不让它出去。不管怎样,那都是一张对我来说有无上魔力的脸,传递着源源不断的信息和能量。

我后来不得不强迫自己忘记这张脸,心底里仍然依赖眷恋,但这张脸冷漠而明确地告诉我,你不该再依赖,该独自飞翔。更因为,我看到了他,脸里面的脸。做这个决定时我的脸像硝烟弥漫的战场一片狼藉,泪水像一群群溃败之军,少部分夺路而逃,大多无路可退。

无人

"你坐好,抬起头来,看我镜头这里。莫紧张,没要强迫自己笑,放自然点。"

"哦……啊……好……"

曾经血雨腥风的腊尔苗疆,仍似有刀光剑影的桃城边墙,答话的老人

157

鬓发堆雪，她的脸和她身前的草垛一样枯瘦，和她身后的城墙一样沧桑，摄影师的话让她有了一瞬的怔忡，继而变得阴霾尖冷，她的脸把这样的目光送向远方长久保持静默的草垛群，又远远地看开了去。

卡嚓卡嚓卡嚓……镜头处她的脸，如断肠人，笑得夕阳西下，也如三月风，笑得乍暖还寒，沟壑纵横的脸容下深藏黯淡的秘密。

就这样，一个资深摄影人当年把她应该是五六十岁的脸照下，并凭此获得全国专业大奖。此后，这个摄影人依然在把摄影进行到底，但再没有获得过比那更高的荣耀。

僻远边地的她与他作品里走出山村走向世界的那张脸毫无瓜葛了，镜头关闭后，一切就已宣告结束。他会时时看她，深度赏析她的脸，但他不认识她，也不会关心她后来的和最后的消息，她把脸的影子留给了他，一张无骨血的脸成为静止的永恒，而她自己却无声消失在幕后，不会再提起。她那张被巧妙截下的脸，做成了奇美的光影标本，不会因为没有饭食的喂养滋润而堕向衰老深渊，更不会入土腐烂，它会得道升仙或修炼成精或者走火入魔，它会不断得到世人的读阅，像蒙娜丽莎的微笑一样，不断被人提及，她刀光般的冷笑比起神秘莫测的微笑，可能更值得这个沦落得忘乎所以的人世去观照和惦记。

而那张一直跟随着她的脸，会成为她最熟悉的也是最陌生的脸，最关心的也是最畏惧的脸，最喜欢也是最厌弃的脸，它会每天都在做蹑手蹑脚的变幻，在阴晴圆缺中悲欢喜乐，让她为它洗漱梳妆，为它涂脂抹粉。每天在镜子这头看着镜子那头的脸，她偶尔会想起那张已经与她彻底分离的脸，想到当有天自己被迫与人世间逼离，像传说中那样魂不附体，硬生生地剥离出来一个有肉身有肉脸的自己，一个没脸没肉身的自己，到那时，还有没有脸是真正属于自己的呢？

绣色

【秋午的刺绣彩】
【篇章】

三色黔
在掌布，做一根时间的针
她应属于寂静
角落
桃城秋时光

三色黔

述　　红

特别想在一个夕阳西斜的时候，为你讲述贵州的红。

夕阳西斜时候，云贵高原沐浴在五彩晚霞中，贵州，是她怀抱中清雅素朴的女儿——又如她正做着的一个嫣红秋梦。

在往昔的视线及即将的叙述中，红，与激情澎勃的年轻人有关，与心若止水的老人无系，也因与亲缘有关而给人温暖。住在贵州里的红，是多彩的，亲和的，氤氲人间，洒落芬芳，令人迷恋，却又不无敬畏。

我和贵州红相识很久了。

我出生的时候，母女平安，合家欢喜，不久便摆起满月酒。红轻盈盈地来了，扮作喜联的样子，一脸欢笑："妹崽崽，你好！"倘若人一出生便有记忆，那应是我最早认识的红。不久，母亲就像这片土地上大多母亲所做的那样，择空闲日子找了一位名望较好的算命先生，虔诚地央请他帮我算算生辰八字，仿佛先生能打开一扇穿越时空的天窗，让她得以在我的未来世界偷偷瞅上一眼。算命先生找出一本红布包裹的命相书，一一推算查找。然后，颤微微地执起小号毛笔，把相书所述命理用小楷字誊写在朱笺上。那张薄薄的纸笺，母亲像珍藏稀世珍宝一般紧张慎重。经年之后，母亲将它翻出，告知了前来登门求婚的媒人。那一纸薄薄的红因与命运有关，而携带了一种莫测的神秘与玄机。与盖棺定论相反，这是对一个初至人世的生命进行大致预测，就像对一道数学题还没有进行演算就给出答案，之后印证、实践、改变、逆转、验证。只是，获知答案的时候答案已经不再重要，写着命运的红笺早已泛白，早已丢失。

长大了些，才知道贵州红竟像传说中的千面灵狐，能变幻出万般模样。

母亲抚弄的辣椒是温暖的红。制成食物，那温暖就一直暖到心胃；悬挂成链，就温暖了一季寒冬；如果点缀菜肴，就温暖了倦怠的味觉。吃过重庆的火锅，红得香艳，但溢着一种芝麻油和花椒的味道，似乎太混杂了；尝过湖南的红辣椒，红得热烈，口舌肠胃却有些吃不消。而外来的、温室里生长出来的红辣椒，空有一身皮囊，却没丁点辣的内质，嘴里嚼着辣椒，心反倒离辣椒远了。独爱贵州鲜鲜辣辣的红，红得朴素纯正，红得恰到好处。有时配以酸味，便开胃也开心了。

剪刀勾勒出的图样是炫目的红。剪出的彩凤或是蝴蝶，鸳鸯或是喜鹊，就差点睛的一剪，便可展翅啼鸣。贴在窗上，贴在新婚物件上，像太阳光斑一样绚烂耀眼。记得有年在电视上观看贵州梵净山文化旅游节，60幅造型不同、衬托背景不同的红"喜"字，把我深深震撼了。贵州的剪纸，贵州的红，竟也可以红得如此精致玲珑而大气浩然。

女子新嫁，满身披挂的是百感交集的红。有将为人妻的忐忑不安，也有离别父母的恋恋不舍。那一身行头，红得夸张，也红得骄傲，即便扎在人堆里，也能一眼瞅出。受潮流的影响，少数贵州女子出嫁时开始选择穿戴白色婚纱，但大多传统的贵州女子还是会选择娇妍的红。或许她们之前会有一些矛盾和挣扎，但她们的母亲会极其坚定甚至固执地教导她：

干吗不穿红呢？红的才吉利呀！所以，如果你于某日踏入贵州的土地，于某个回眸间见一袭朱衫的娇俏女子，手执彤伞、髻佩玫瑰、脚踩红鞋，那必是一位新嫁娘正在亲朋的簇拥下，从一个家到另一个家。

屋檐下张贴的楹联是灵动的红。过新年，办喜事，贵州人都兴贴红对联。有不喜欢机印对联的，就去店上买来几张大红纸，根据实际尺寸裁好，或自己随兴挥毫而就，或相请熟悉的朋友亲戚，似乎那样的红联才来得合心合意。于是，那一副副红春联因有人气而灵动起来，像一个个悬挂着的许愿瓶，在风中叮当作响，祈求吉祥如意，祷告来年风调雨顺。

水柔林静的红枫湖，有霜叶红于二月花的红。

巍峨雄奇的梵净山，百里杜鹃红得甜蜜斑斓，万丈佛光红得灿然圣洁。

蒹葭苍苍的草海，把夕阳裁成衣裳，渔舟唱晚，鹤舞芳洲，美仑美奂的红，泛着粼粼波光，燃烧着，激滟着。

奇美梦幻的寨英滚龙，在灿烂的焰火中上下翻飞，搅起火树银花不夜天，那壮丽辉煌的红，如若亲密接触，必然心旌摇曳。

还有砂壶里的红碎茶，茶味鲜浓，汤色红亮，氤氲一份沁人心脾的红。

还有。

当西斜的太阳渐渐滑向地平线，我的叙述也即将结束。

抱歉，对于贵州红，我只能像一个趴在窗前的小孩试图看尽大千世界那样，给你讲述所见所感的红。

相信你能一叶知秋。

落日熔金，贵州的苍穹大地升腾着一种辉煌无比的黄昏红。没有暮色的感觉，心里无限敞亮。明天的地平线上，云贵高原将迎来崭新的黎明。那一直住在贵州的红，会继续参与贵州人的生活，与他们的灵魂共舞。

爱　蓝

贵州,我是蓝。

我原是你用蓝靛染成的颜色。

贵州,你广种蓝草,这种被归为蓼科的美丽植物,7月开花,8月收割。你把它的叶子放在土坑里发酵成为蓝靛,之后就染出了我。

在古希腊的神话传说里,美少年那尔喀索斯爱上了自己的倒影,爱恋得难以自拔,饱受着相思之苦,最后憔悴而死。

而你,爱上了我——你用蓝靛染出的颜色。

你说,女娲补天后,用剩余的一块蓝石磨成汁,把原本灰蒙蒙的天空染成湛蓝的,天上人间自此便亮堂起来。而我的存在,让你的心空永远都是明媚纯净的蓝色。

你把我藏在你眼中已千年万年。贵州,你有着向往自由的灵魂,从你灵魂深处散发出的淡然高贵的气息具有一种莫大感染力,拥抱着我,熏陶着我,我最终和你血脉相连,变成清新宁静的色彩,散发着忧郁、烂漫和憧憬的味道。

贵州,你是热情的,但却不狂野;你是质朴的,但却不笨拙;你是诚挚的,但却不痴傻。你用一种浪漫和优雅的诗意情怀怜我、宠我。

你无限向往地吟哦——"日出江花红胜火,春来江水绿如蓝……"

你在洁白柔软的纺布上绣我的模样。你的内心晶莹剔透,你的手指温和深情,在那里,我时而巧笑嫣然,时而缄默不语,时而如惊鸿一瞥……有时候你并不绣你想象中的我的样子,却只绣些美丽的花鸟虫鱼、江河湖泊……人们说,这些贵州刺绣漂亮极了!那些花,让人联想到美好的事物和美丽的少女;那些鸟,让人联想到无拘束的自由和快乐;那些鱼,喻意子女繁衍;而那些江河湖泊,最让人想到常流不腐的爱情——其实我知道,这是你与我对话的方式。

你在不带一丝尘垢的纯棉布上印染我的面庞,赋予我活泼、欢快、明朗、热情、稚拙等世间所有美好的情感。用太阳纹、回纹、铜鼓纹、瓜米纹、水云纹、雪纹、线纹,用花瓣纹、鸟纹、鱼纹……你殚精竭虑地想显现出我的样子,最终从画里走出来,投入你寂寥太久的怀抱。世人给我取了个好听的名字——贵州蜡染。你微笑不语,我明白,在你的心里,我最美丽的名字,是蓝。

你有时将我安放在如花绽裂的裙摆中,有时又安放在如云飘荡的襟袖中,抑或围腰、床单、背扇、帐檐、挎包、帽子……不论是怎样地安放,你都是想我有一个附身的躯体。抚摸着她们,就是在抚摸着我。

你最爱的是将我做成一件蓝质衣裳。凉凉的蓝带有些微忧伤,穿着蓝质衣裳的时候,你无限接近了你一直酷爱的蓝天。感受着你的体温,触摸着你的心跳,我的眼中漾起一种雾来。无法言语。我们只能这样拥抱着彼此。

有部影片叫《蓝》,影片在临谢幕时是一段交响乐,配以古希腊文演唱的《圣经·哥林多前书》选段:"如今常存的有信,有望,有爱这三样,其中最大的是爱。"

而你对我的情感,也将是永存的。

最后,影片在蔚蓝色的背景中结束。

在心中,将永远存放一份情感,那是关于你的秘密,我将她藏在深不可测的天空中。每当天空幻变为蓝时,不要怀疑,那是我在想念你。如果可以言语,我的第一句话一定是告诉你:我是多么幸福于世人将我贯以"贵州"这个姓氏——那是你的名字。

贵州,我是蓝,你深爱的女子。

画　绿

桃城。月夜。画室。

一种轻浅纯粹的流淌，像素雨滴落的声响——那是绿在我们心目的莅临。一种叫作蝉翼的宣纸透明如蝶的羽翼，在我们面前舒展开来。我们执笔、蘸墨，然后相视一笑。

你病得很重，永恒的离别或许就是下一刻的事情。我们没有问医生还能握住多少时间：几年，或几个月，或几天……我们只是抓紧做好最想做的事情。我们像两个只顾着涂画的孩子，忘了手中的颜料瓶已经快挤光了。

你固执地要求出院，然后让我直接推你到画室。

你曾说过，如果你将离开——你从不说那个字，怕我伤心——你说你最想带走的是绿，贵州的绿。你是来自北方雪国的男子，却迷恋了贵州的绿，在珙桐盛开的佛山上你遇到名字也有一个绿的我，眼睛里涌现出巨大的惊喜。后来我们便在贵州结婚、生子。到老了，你也没有爱够贵州的绿。

你说，青，来，开始吧，我们一起来画一幅叫作"绿"的画。

我们握笔的手微微颤抖。

你的颤抖或许是因为你已病弱得无力执笔。

我的颤抖是因为颤抖着你的颤抖。

我看见了泼在纸上的绿的样子——和你住院前散落在画室的照片一样斑斓炫目。年轻时，我们遍游贵州，用镜头摄下无数的绿，然后像小孩获得心爱的玩具一样振奋：赤水竹海的绿清雅通透、侏罗纪公园的绿意韵独特，荔波喀斯特水上森林的绿幽静柔软，小七孔桥的绿拙朴淡泊，兴义七星八卦田的绿爽朗明亮、万峰林的绿俊逸傲然，湄潭茶园的绿芬芳袭人……那时你说，在阅尽天下美景后，才知道原来贵州有着最温暖的风景。你很想把贵州一步步地再走个遍，但你还没真正开始，就已走不动了,你被我们强压在了医院。

这些各色的绿,点缀着、见证着的,是我们生命里最美好的时光啊!现在,它们一并在我面前翩翩起舞,涌向我的笔端。听说作画之前要"胸有丘壑",这点对于我们来说,完全不是障碍。在有生之年,我们已遍阅贵州的绿。于是突然觉得我们其实只要轻轻挪动,那些胶片上的绿即能飘移到蝉翼宣纸上;我们再轻轻点染,它们便会醒来,在今晚的月下娉婷而舞。

我知道,让你生有画绿心思的,就是这青山碧水环抱着的黔。我们的黔。

你的每一次咳嗽都让我心颤,扯得生疼,便去放了点音乐,模糊一下敏感的听觉。琴音升腾而起,不是乱耳的丝竹,是涤荡心尘的天籁。沉静辽远的古琴若有若无地弹拨着,绿从广袤的云贵高原降落,从天地自然中款步而来,安静又带着清新的温暖,在刹那间,一起温柔地拥抱了我们。

那是怎样的一种妄想啊,我们要画下这怀抱着我们的绿。

真正开始了,我的心中奔涌着绿。我看见你也是。好的,先用墨线勾画出景物的大框架大感觉,但在我的构图里却不知道以什么为重心。我只不时地想到一些有生命有呼吸有灵气的植物。它们抑或疏朗,抑或灵逸,抑或柔软。

画下银杉吧。这一定是个好的开始。你咳嗽了半晌,然后慎重地说。

银杉的绿极不好表现。在云贵高原的原始森林中,银杉的绿如抱琴席坐的老人,气质高华,拨弦,弄调,或《平沙落雁》,或《碣石调幽兰》,或其他曲调,都给人以清新之味、大气之风。最后我们决定用原绿来表现:不加水,也不调入其他颜色——以为那样的绿才是最干净的。抚摸着,呼吸着,心灵很安静,也不喧嚣了,轻易就避离了尘世的烦扰色彩。

珙桐的绿在花开时候最是超凡脱俗,我说我想画下它。你看着我笑了,好像在说,你还是这样喜欢那些花儿。我想起我们在珙桐树下的初相见。

不要红肥绿瘦,只要相融相映的绿白二色。那些花儿是一些因眷恋清凉树阴和芬芳泥土,以至忘记飞翔的鸽子,我要像画巢一样地把那绿画出。当水云上浮现出一个玲珑绿巢,一群轻灵、幽静而妩媚的鸽,我们的画就有了一个好的延续。

嗯,还有桫椤呢,那是绝计不会忘记画下的。

那和银杉及珙桐一样源远流长的绿色精灵,如诗如词,越历风雨,越得风致。深深喜欢一阕勾勒桫椤的诗句——

时光尽头奇迹丛生/在高原的凹处/桫椤站成最初的姿态绽放如花/真理一样静默满身的鳞片/暴露了穿越孤寂的所有/正以诗的名义/苗壮并固守在最初的水边/从排列整齐的叶子上/让人读懂了一种宗教盛开的莲花/读懂了生命和爱情……

我又一次吟诵起这首诗,然后你在我抑扬顿挫的吟诵中画出一丫又一丫的桫椤。如果以后有人问我这桫椤怎么如断行的诗歌一般跳跃,我绝计不会告诉他其中的缘由——这种诗歌与笔墨的合作,以及心灵的完美契合,是言语永远无法形容的。

我用嫩绿画春雨沐后的威宁草海。

你用鲜绿画惊蛰后的盆地、丘陵,田间地里的耕种开始启动种瓜得瓜种豆得豆的轮回。

我用豆绿画春末夏初的舞阳河、都柳江,岸上的绿瓜熟蒂落,坠进河中,漾起一河豆绿。

你用原野绿画重峦叠峰,画漫山遍野的茶香。

我用苔藓绿画深冬里苗家吊脚瓦檐下的石阶。

你用碧绿画深秋时黄果树瀑布下那汪汪的一潭净水。瀑布的流水飞云很小,很薄,全换了潭底更纯静更丰润的碧。

167

哦，还有还有，我要把黔的阳光、空气、风雨，等等，都用不同的绿画出来，画出一个绿得晶莹剔透的黔来。

啊，那里不能再画了！你及时制止了我。必须保留一些光亮的地方，这在画技上，叫作"留白"。

我们让线条由简到繁、由疏到密；最后加点、擦、皴……啊，这是怎样的一幅画啊，不是写意，也算不上工笔，不抽象，但也不翔实，没有门派，没有类别，笔与墨的挥洒，我们完全随心所欲，我们不像在作画，倒像是小孩子在沙堆上玩"过家家"。在这个过程中，仿佛一直有缕淡绿的光照耀着你的脸，我惊讶地看到一种青春的朝气与一种蓬勃的生命力重又注入你的血液之中。

突然记起日前曾在一篇杂志上看到，从心理学的角度讲，喜欢绿色的人多是希望从自然中获得安静、沟通与温暖。那一刻，我宽慰地想，这一切，在这一刻，我们都已经获得。

天色快亮了，窗外渐次清晰的风景真好看，阳台上洒满明媚的阳光。现已是阳春三月，虽然看不到万芳吐蕊，但可以真切地感觉到暖暖的春风裹挟着缕缕清香向我们走来。灰蓝色墙根的软泥里，白色栏杆的罅隙间，可以寻到春天翠绿清透的气息。

清晨的阳光中，我们面前出现一场气势磅礴的绿：翠云如烟，青山如雾，碧水如玉。仿佛共同缔造了一个伟大的生命，住笔，抚画，那一刻，我们都是多么地欢喜。

我紧握着你再次颤抖不止的双手，泪水悄然滑落。那个时刻，我突然好想和你一起，就像电影《庐山恋》里的男女主角一样，在清晨的森林中深情地唱咏——

I love green

I love green of guizhou

在掌布，做一根时间的针

　　世界太大，我们太小。太大的世界是小小的我们所无法一一涉足的。拥有短短的所谓一辈子的我们，一生所经之处在浩渺天地间几乎可以忽略不计。于是，在你生命中的某个时间，与地球上某个美丽的经纬度相遇相悦，并在那里静静地待上一小会儿，不能不说是一种缘。

　　到达之前我就对掌布展开了所能尽的想象：平塘是县，其意自现；掌布呢？流滑在掌上的绸布子，抑或巴掌大的一块布？想到自己妄加猜测，竟将人家好端端的风景区喻为一小布块儿，不禁莞尔。

　　现在还记得，那时是靠在友人的肩上去掌布的。半梦半醒间，客车在崎岖的公路上左弯右拐，晃晃荡荡，像颠簸在浪尖的木兰小舟，车声人语如潮落潮涨。

　　你有没有过这样一种感受：当你睡眼惺忪，面前的世界完全陌生，你会不会暗自寻思：这是醒了呢，还是依旧梦着？我当时就是怀着这样一种不确定走进掌布的——像看3D电影，不知身是客，一晌贪欢。

　　电影序幕部分是脚下铺着的细细长长的鹅卵石路——也还在酣睡之中，两旁的绿意是笼在它身上的薄衾，随着它的呼吸此时彼伏。依稀可见，绿烟生处有人家。是早晨，难得的静谧。悠悠过耳的是水声潺潺，柔柔盈鼻的是草木清香——温柔，是晨风抚摩万物的方式。迷蒙中，更辨不清梦里梦外了。

你有没有过这样一种倦怠感：随旅行社出游的我们，熙攘于各类交通工具，匆匆而去，惶惶而归，不像旅游，倒像急行军。一次次难以抗拒地踏上旅途，内心在出发时积蓄的所有激情和幻想在长途劳顿中消磨殆尽，永远抵达不了愿望中大美风景的我们，在一次次失望中黯然神伤。于是，比起身临其境，更愿意待在静而美的光影作品里。

沿着鹅卵石路往更深处游走，崖高箐深，绿阴很浓，像宣纸上还没有洇开的花青颜料。来时合衣而睡的我感到凉意侵身，便对友人说，我们奔跑吧。于是老大不小的我们竟像孩子一样撒开了腿。跑着跑着，友人说，看，太阳被我们跑出来了。呵，真是这样子的，它很快就溜到我们前面去了，溜到了我们的眼睛里。

阳光给了我温暖和光明，我清晰地看到了掌布的树、花、石，还有昨晚酣眠在狗尾巴草上，羽翼粘着露水的蜻蜓——我欢喜它们。路旁的李子花刚过繁花期，躲在竹林中像眉眼羞涩的女子，但还是能一眼就辩认出。然后一抬头，就撞见了一棵银杏，一丛芭蕉。这是无心的，还是有意的呢，掌布人给一年中的每一季都缀满了诗意——春有桃李夭夭，夏有竹木青青，秋有银杏曳曳，冬有蕉雨潇潇，——是怎样安详恬美的日子啊，不知掌布人自己是否知道。

这就是我和掌布的开始，却真的忘了在未结束之前的旅途。现在只能写意出那天掌布给予的恩宠了，以及至今铭感的幸福。我和友人逆浪马河而去，然后顺水而归。不知是我们来得早还是刚过旅游高峰期，除了偶尔在亭阁处见着一两位工作人员外，诺大的景区竟只属于我们两个人——这实在是一份美好的奢侈。彼时的掌布不是作为风景表情淡漠地站在远处供我们游览、观赏，而是贴近身来与我们默视、对话、相拥。就像浪马河里通灵的鱼儿一样，听到脚步或呼唤，便成群结队地游到我们身边，舞摆着，亲昵着；也像浅翠娉婷的藤竹，牵起手，搭成桥，早早就在峡谷的小道上候着我们了。我感觉到掌布有血有肉，有爱有恨，在与我们相遇相悦的这段时光中，它像木棉花一样地呼吸，像山风一样地舞蹈，像鸢尾一样地歌唱。

你与某处山水可曾像我与掌布这般亲近？近在咫尺的掌布是素颜的，绝无半丝虚伪和矫揉造作，然而就是这样子的掌布让我感动莫名。然后想到，万事万物都有他们的气场，彼时的掌布，是山水自然的气场。而那些我们所厌倦、失望、最后想要逃离的地方，原来是人太多了，欲望跟着蜂拥，就成了污浊的气场。

离开掌布之前做的最后一件事是在木桥上枕风听水。桥倒不怎么特别，是诸多风景名胜区都会有的那种风雨桥的样子。躺下，仰面看到的是青黛色的瓦。但阳光就不同了，掌布的阳光是丝绸一般从瓦面上滑下来的，穿过我的手掌时，柔软而明媚，带着草木的暗香，没有一粒尘埃。迷蒙中遇见一位古人，他种豆采菊，修补草屋，"结庐在人境，而无车马喧"，此刻的掌布如同那时他的庐山，没有一丝浮尘。

高速旋转着的世界太喧闹了，在每个人都将自己调拨得像秒针一样匆忙的经济时代，那一刻的我，深深地想在掌布——这块巴掌般大的美丽的布——做一根慢腾腾的时间的针，细细密密地缝，待一会儿，再待一会儿。

她应属于寂静

一

以为那儿的人家都姓冷，"多情自古伤离别，更那堪冷落清秋节"的冷。

以为那儿一定有条明柔如绸的河，在某处筑有道长宽都恰到好处的青石大坝。

事实上，我真的不知该如何用文字来表述一个未曾去过却萦思梦绕的地方。她一直如青烟般飘摇在似远非远的角落，那是我所居住的桃城境内——梵净山东北缘，距乌罗镇约40华里。

如叶公好龙一般，我竟害怕亲近她，唯有在暗中留意关乎她的文字，以及影像。

亦如痴痴遥望心仪的人儿，似乎只要神会，便满足微笑。

以为，她配得上最美丽的、关于风景的形容词。

"红石佛路的尽头便是冷家坝。这是一个至今尚未沾染市尘的深山小寨，一切都是那么原始，那么古朴，那么寂静和灵异。翠竹是漫无涯际的，碧溪是汩汩滔滔的，沙滩是洁白无瑕的，滚圆的鹅卵石是硕大无朋的……甚至风来无定向，雨也下无定时，说来便来，说去就去，那么随意，那么自在。"吴恩泽老师在其《庄严佛国梵净山》里叙写冷家坝的这段文字曾令我无限向往，几欲起身，终未成行。

梦里的冷家坝，我委实不愿刻意去造访、打扰她。

我无数次抚摩那些从镜头深处流淌而来的青翠芬芳的画面，如同指尖划过清幽明静的潭水，然后在心底无数次想象、构造远方的风景——

"那天空透明湛蓝如洗，空中常有杜鹃鸟飞过。那群山环绕如水云，漫山遍野是奇树、异花。疏影横斜时候，山上氤氲着淡青色的雾，有树的气息，花的芬芳，虫鸟的呼吸。那里的孩子们曾爬到最高的山向外眺望，只收得一眼气势磅礴的绿，浓得化不开。河在人家的吊脚楼边静静向西流淌，水岸边的古树慈祥而沉静，雨若多下几天，水就会缓缓漫上，孩子般娇憨地偎依在它们身旁。一到春天，山上各色的花便会渐次醒来——嫣红的是杜鹃，粉嫩的是桃杏，雪白的是梨李，素淡的是泡桐紫滕，凌风而舞的是珙桐竹絮……郁郁葱葱的冷家坝把这一袭华丽的绸缎袍子披上肩时，最是妩媚闲雅。那里的风常躺在树阴下唱慵懒的歌，那里的云霞常把山林河流洇染成最炫丽的花腰带，逶迤着，在湛蓝的天空下盛放瑰丽的光芒……"

这样的想法真实可即却又虚幻渺茫。

二

那儿的人家不姓冷，但还是会想到"多情自古伤离别，更那堪冷落清秋节"的冷。

那儿没有高大冷硬的拦河坝，"冷家坝"一名，像"天上掉下个林妹妹"。

窃以为并非是"至今尚未沾染市尘的深山小寨",说她"出凡俗之尘而不染,濯天地之灵而不妖",或许更确切些。热闹,静寂;繁华,冷落。人生或历史经历过的这些场景,冷家坝也均一一经历。

600多年前,明朝实行"改土归流",当少数红苗先民一路颠沛流离来到这片与世隔绝的天地时,身后的肃杀气息终于彻底消隐。应是最好的归宿吧,还不停止漂泊?在今日看来几乎是桃源般的圣境,于当时内心悲凉怆然的红苗先民或许只是一派冷落凄清——天在他们眼中定然冷漠而逼仄,水在他们眼中定然冷幽而湍急,山在他们眼中定然冷峻而森严——彼时彼景,怎一个"冷"字了得?!于是,带着累累伤痕,一个小小寨子被赋予了这一带"冷家坝"的称谓,在艰难困苦中繁衍生息。

是一个避难之地,是一处桃源般的境地,本应属于静寂,却时时被打扰,或许也是一种欲逃不能的宿命?后来时光中,历史的冰霜雨雪从未让冷家坝拥有较长的一段时间休憩,以在宁静中舐愈疼痛和创伤,甚至一个小小的名字,都被反复篡改折腾——

曾经,冷家坝成为松桃厅派设梵净八汛之一,旧名虎衙门。由于其处在梵净古道的交汇点上,北可通乌罗,东可达寨英,南可往江口,历来为兵家必争之地。

光绪七年,岑毓英平定梵净山黑地大王之后,环山设八汛驻兵镇守,在冷家坝左岸设一天门汛。改冷家坝为"林昔江",并立碑刻字,意在千古。

1916年,军阀刘显世总督贵州。为了充实军费,通令全省开禁鸦片,冷家坝沦为大山深处鸦片与土产山货的集散地。民国政府地方官员为了粉饰太平,又将冷家坝更名为"兴隆场"。

1934年,红二、六军团即以此为道,完成了两军会师石梁的壮举。

1949年,解放军进行梵净山剿匪,冷家坝成为最后的围歼之地。

解放后,冷家坝一度为乡所在地,为梵净著名的深山集市。后因其过于偏僻,逐渐人烟寥落。

原以为硝烟散尽，繁华谢幕，血色褪落，冷家坝即能永远安宁，却又在21世纪的某个清晨，旅游所裹挟所利诱，再度更名为"桃花源村"。

遥遥怅望，似乎看到天地间一剪寒梅几番被折断移插在世俗的花瓶中供人亵玩，无语而后只能选择相信我们今天对冷家坝的旅游开发，不是破坏她的静寂，而是一种人道的呵护，一种让她更趋完美的力量，但这种希望显然幼稚并且一厢情愿：历史的时光，抑或人类的欲望，向来残忍而霸道，它们一直在用一股无形却巨大的力量肆意掠夺甚至破坏一切美好的事物。

所幸，时光已多次见证——

战乱也好，繁华也好，喧嚣也好，都只是刹那烟云，长久属于冷家坝的还是那静寂。定是性格使然，从一开始就已灌注了清冷血气的冷家坝，禀性一如其名，所有的喧攘在她身上只是一袭轻轻便能掸落的尘衣，亦如微风入林，瞬间静寂。时光最终会——

带走人们强加的一切，把静寂和安详还给冷家坝。

三

我知道自己永远都不会去冷家坝了。

喝的是自己酿的酒，醉了也罢，对于冷家坝的虚构圆满得像湖底之月的梦境，我以为只要自己不触及，它们就不会因起波纹而折皱，就不会破碎。

这个世界越来越热闹，所以格外喜欢静寂的场所。与其可能面对一地喧嚣、俗不可耐的冷家坝，倒愿在心底保有一个完整而美好的冷家坝，以另一种方式抵达。就让冷家坝的名字连同她曾经的影像永远珍存于心魂中好了：永远是恬淡安详的，无一句夸饰的语言，淡然地存在，毫不骄矜与造作——

她，应属于静寂。

角 落

树 语

若干年以后，在熟悉或陌生的城市穿梭徜徉时，我希望还能再邂逅一个标有"树语"字样，素素净净、不着铅华的门面。里面依然摆放整齐，有一个她脸容素净地面窗而坐，和一个他静听如水的音乐。那时，我希望与我同行的爱人，能为我再在那里买一盒绿茶味道的护手霜。

我喜欢"树语"这两个字，我希望这个画面以及店面永恒存在。

接下来的叙述只能是一些散淡片段——属于他和她。我的文字起源于一些听来的话语片段。我在倾听的时候，觉得很有些意思，就想试着把它们记下来，哪怕散淡得不行——

还是懵懂少年的时候，他就认识了她。当时，他的一个朋友喜欢她，他在一边当可有可无的"电灯泡"。他当得很是专业，沉默寡言，直至朋友最终放弃了追求，他依然不知她的名字。

很多年过去了，他们依然没有互问过姓名。

一种形象符号系统一旦铭于心，以后的想念很多时候和名字无关。

她在他记忆的模块上,时隐时现,像一条可爱的鱼儿时不时把小脑袋探出水面。

他从未和她好生说过一句稍长的句子。

偶尔间遇见了,他都挺直着身子乜斜着眼神看她走过,他感觉她也在观察他,直到擦身而过。

那是真正的偶尔。他们出生在同一个城市,还算得上是邻居,但他却很少遇到她。他有时会猜想,他应该和她一样,都喜欢漂泊四海,家里怕也没有她的房间,回家都是睡沙发。想到这,他会情不自禁地笑笑。

人到30岁有余,梦做清醒了,也就结束了漂泊。往事喧嚣,历经繁芜,但竟有些不堪回首的感觉。他注意到她也回来了,还在城市闹中取静的地方租了一个门面,代理一个叫"树语"的美容系列产品。没有人知道她是怎么回来的,又为何回来。

有些回忆叫作沉重,能忘记是种福气;有个地方叫作宿命,不可逃离。不知何时开始,他不想再离去。他频频想起她的样子。

又一次偶尔与巧合,他们在"树语"前的街道遇见了,说了几句较长的句子。在有心人的撮合下,他们彼此知道了对方的联系号码。

他口才不错,也很有些才气,算得上是历经风霜阅女无数的男子,然而在她面前,他却束手无策,常心怀忐忑而拘束不安。

他在她身上找到了一种安定。尽管他从未对她说过那三个字。

后来,他经常到"树语"看她,和她一起听音乐聊天,一起看街道上的人来人往;偶尔递给她一些纸笺,几句短诗,或寥寥几笔的写意画。他想她能读出他的情思,正如他能感知她在看着它们的时候,虽然神情淡静,内心里却很欢喜。

在认识多年后的一天,他们才各自坐到了对方的对面。

他们相爱了。在认识多年了的一次相逢中。

有天,他才听她说起,其实他对她的感觉,一如她对他的感觉。他想,原来感情有时也会返璞归真。他和她在对方面前，都不自觉地成了情窦初开的少年。

后来——后来就是前不久的一天，我有了现在的爱人，尔后认识了他，知道了她和她的"树语"——他很乐意和我们一同分享那些美丽的爱情片段，尽管有时会遭到我们一两句善意调侃。他的叙述正如我以上所述，仅是角度与位置不同。那时，他脸上有种快乐的无奈。

我和爱人的相识相恋在这里忽略不记。但从他们身上，也从自己的经历中悟到：有时，我们所爱着那个人，似乎是不经意的，一直就住在我们心里。从认识的那天起，就未曾忘记。某一天，我们在各自走了很远的路，进行了很长时间的漂泊后，会因为某个巧合而相遇、相识、相惜、相爱，那时我们会恍然间明白：原来，我是在等你。

再后来——再后来是在一个洒满阳光的早晨，我和爱人一起走进了"树语"——他和她正在面对面坐着聊天，店里飘荡着轻幽的音乐。她是合乎我意象中的纤浓相宜、形象雅致的女子，穿白色的衣，黑色的裤，素洁的样子像一个组合简单却能给人无数美丽想象的语句。而她身边的他，正如一棵已经历过很多季节现正在春天里的树。这幅画面让我感动，而后竟有些感恩：感谢上天如此美好的安排，对于他们，也对于我们。

见我们不约自来，他们脸上都有些不自然。

闲聊的时候我问她：在你的感觉中，树语是怎样一种意象呢？

她在我面前浅浅地笑了，而后说了几句谦虚的轻描淡写的话。

在一本制作精美的产品宣传册上，我找到了一点我想要的东西。封底写着这样一句话——

"红树林是我的朋友，我爱它——逆境而生，充满活力，朝气勃勃，自立自强，自然界给我的感悟，让我创立了"Tree Lang"，锲而不舍地将纯粹真实的自然带给你，演绎青春靓丽。"

签名很草,是个外国人的名字。封面上还有着"生命life""和平peace""希望hope""广阔width"这些字样,都是茶色的。

很少遇见这样一个品牌,能传达这样一个深刻的理念,不管出于什么,都是难得可贵的。而在我心中,固执地以为选择经营这个品牌的她,一定是有着很多故事的。

走的时候,爱人给我买了一盒护手霜,是有着淡淡绿茶香的那种。对他们说再见后,我们并肩走进人海,不时相视,而后一笑。

我们都是信仰爱情的人,我们深信是同样的信仰,让我们相遇而后同行。这样的确定很美丽。"树语"是他们的爱情驿站,爱情是我们每一个人的驿站——即使只因这个理由,我想我也会永远记住这个角落。它会在我生命里,永远芬芳如树。

无 声 发 廊

时时会想起一个小小角落。已很久没有它的消息,但那里的灰暗和惨淡,一直在心里明朗而温暖地存在着。

仿佛已是前生的事情。告别了一段始乱终弃的情感,心里伤痕累累。同窗好友热心肠,给介绍了个男朋友,希望我尽早走出阴霾。那时的心特别想安定下来并有所倚靠,于是,心有不甘也好,情有不愿也罢,都不再去刻意强求曾一度狂想千万遍的事物了。我们在互相知道对方的基本资料后,向着婚姻这一目的,走到了接触了解的过程。

那是新年的第二天,阴而有雨,风过,给人以料峭的寒。

朋友说想去理发,然后便跟着他穿过几条街,走进了江边的一间矮小的理发店。

小店极不起眼,甚至让我心生鄙夷——对朋友也对小店。以为这是一种让人很掉身价的地方:灰暗、惨淡、萧索、冷清。光临这种地方的人，"档次"绝对也高不到哪儿去——这是我当时真实的心态，既世俗也势利。

朋友说，坐下等等吧，那边有沙发。我回过头，看见叫作沙发的东西寂寥地躺在角落，又丑又旧，想休息一下的念头瞬间打消了。

我僵直身体站立着，小店表面的黯淡加重了我心底的黯淡。有一会儿，我心里莫名悲哀及绝望。

自认为自己是个崇尚优雅的人，不奢望生活能有多奢华，但必须得是诗意的。可那天，就是这样一个我预备付予生命部分时间相伴相随的男子，却带我走进了那样的一个简陋不堪的场地。很多美好的想像一下子崩塌，而在我面前，仿佛看到残酷的现实世俗生活已做好了将我吞食的预备姿势。

我沉默地凝视着它，像凝视我现在的生活，以及可能的未来。

我也一直沉默地凝视着店里的理发师傅为一位倚靠在椅子上的老人理发——

修、剪、剃、刮……尽管心情不好，但我不得不承认，他手势优雅的样子，与我在装潢炫丽的发廊里看到过的理发师傅们没有什么区别。

这时，我才注意到他竟还是一个算得上俊朗的男人。

没有一般发廊理发师傅们新潮前卫的发型，以及烫染得过份变异的发色，米黄色的半旧上装，深灰色的西裤，国字型的脸，干净，爽朗。

从我们进门，他一直没有和我们打招呼。微笑（我是指那发自内心的真诚的微笑）倒是有的——在偶尔回头看我们时。

时而，还见得老人把手机递给他，他搁下手头的工具，帮老人发短信息，发好了，又继续理发。再有信息来时，又继续帮老人回。我看见那手机已相当老旧了，像香港旧片子里的"大哥大"。

老人点着烟，夹在干瘦的手指里，偶尔放在手上吸一两口，烟雾从衣角边升腾起来，在他们身上缭绕。

整个过程，不像是在理发，倒像是两个朋友进行一种特殊形式的休闲聊天，也像两个小孩正迷于一种简单游戏。

小店浸在一种说不清味道的宁静中。

我沉默无语是因为心情低落，朋友沉默似乎是因为他性格如此。

我不知小店为何也一起沉默。

而且，从开始到现在。

门窗外倒是很热闹的，时时会有两三人走过，两三辆的士车掠过。

我很想走出去，甚至不再说再见。

最终还是按捺住了这个念头。我脑里又浮现出了那时常在我耳里响起的话——不能再做那些不着边际的梦了。

我是清醒了，可我却清楚地知道我是悲哀的。在现实与梦想的间隙行走，我不知道自己最后会通向哪里。

头发理好了，老板用一小块条形的海绵为老人细心地抹去颈边、身上的碎发。老人掏出几张零钱付给他，他们相望着笑了笑，点点头，手比画几下，而后老人轻轻地挥了挥手，像是在说再见，而后推开玻璃门，慢腾腾地走出去了。

我突然间好像意识到了什么，接着很快得到证实。

老板整理好柜台，招手示意朋友过去，然后开始给他洗头。

他洗头的动作很轻快，手势却透着温柔。

当他给朋友披好"外衣"开始理发时，我这才注意到一张贴在大镜子边的白纸，上面无声地显现着：无声发廊。发型平头、四分头、学生头……剪发6元，烫染20元、30元、50元，按摩5元，刮胡子3元……

大镜子下面堆放着洗发剂、嗜哩水、吹风机、梳子、剪刀之类的东西，在其中我还看到了一个小小的相框，老板在里面无声地笑着，身旁是一个清秀的女人和一个可爱的小女孩，他们以恬淡幸福的样子地望着我。

我一次又一次品读着那个词组：无声发廊。继而被一种看不见的东西给刺痛，给撞击，所有的失落悲哀在品读那四个字的过程中，渐渐被一种敬慕的感动替代。

突然间，我好像明白了人们包括朋友爱上这家店理发的缘故。我想一定不仅仅是因为价钱便宜或师傅手艺好什么的。

我突然也感受到了一种光明与温暖，它们柔和地氤氲在刚才我看来灰暗惨淡的事物上，让这间屋子闪烁着耀眼的光辉。

当我与朋友走出小店，挥手静静与店主微笑着说再见时，一切，已无声胜有声。

在那个飘着冷雨的冬日，畅想春天就将莅临的下午。

和朋友后来极少联系了。他是一个喜欢待在沉默里的男子，即使对我也极少言语。而我，却很害怕住在一个无声世界里。我不知道他怕不怕，也不知道那个店主怕不怕。没有说再见，但缘散了，一切就会静寂无声。当言语无法表达，而无声却等于空白与沉寂，那种场景让人寂寞得发慌。那种无声胜有声的境地，需要心有灵犀。还又想起我们离开无声发廊的当时，面前喧嚣，身后寂静。

北 方 水 饺 馆

北方水饺馆不在北方。名字让居住桃城的人们联想起遥远北方的火炕、热气腾腾的大铁锅，飘香的年以及糯软的饺子。店里原主营水饺，后来兼营家常小炒，再后来就真正的名不符实了。老板、老板娘都是桃城中人，店名从何而来，似乎从来没有人好奇与计较过。

时而会约上些朋友去那吃饭。朋友是各住一方的朋友，城里乡下，在桃城滞留便会相约一聚。曾留意过小店客厅的一切，所以这会儿记写仍历历在目：已经开始起皱、发霉的墙上，一面挂着个已褪成灰红色的中国结，一面挂着两幅风景画。曾走到跟前仔细看过，是桃城旧时风貌的一角,有塔有水有人家。墙角边是一台半旧空调,样子有些灰暗。一张方形桌子旁边配着五六张椅子不等,以最经济的方式错落地摆放着,是屋里最主要的东西。柜台在大门的右手边,但店主人多半不用,大概因为他既是老板也是厨师,而老板娘则要在一旁打帮手的缘故。柜台上面摆放着一盆兰草,不是名贵的那种。门是一推一拉的玻璃门,透过它,可以看到河滨街道和铁栏杆。

逢赶集的日子,北方水饺馆外的街道一大早就人声鼎沸,摆米豆腐摊的,卖凉米皮、凉米粉的,炸油糍粑、油香粑的,人间的烟火味在风中酝酿、升腾。当赶集的人潮到了高峰,街道角落中那些卖自制苗歌碟子的摊子,大小理发店,都会把各自的音响调得一大再大,流行歌曲的伴奏吵嚷热闹,似乎不惊天动地不罢休;苗歌的唱调朴实单调,却从来没被打倒和淹没过。在那一天,如想到北方水饺馆吃饭,就得小心翼翼穿过一排高音喇叭,再穿过一群年过半百的老人。他们或站在生锈的铁栏杆边,或蹲在水泥地上,听得物我两忘。散场了,要收摊了,这些人中会有人掏出一把零碎钱去换一张碟,小心翼翼地揣在贴身的上衣口袋里,一脸欢喜地离开,却极少扭头走到北方水饺馆来。

在饮食方面,北方水饺馆算是价廉物美了,符合这一条件的北方水饺馆生意自是红火。就是这样一个简易的所在,竟得到了很多人的喜爱,如果是用餐高峰,有时还得等上个把小时。

那里,家常豆腐是我的必点菜。杂糅了很多西红柿的块形豆腐,在汁中沁成了诱人的橙色,青色细丝辣椒的相伴,让人又喜又惧。比起桃城另一处的"恋爱豆腐"的工于心计,北方水饺店的家常豆腐属于入俗而朴素的一种,让你入肚即安稳。

小店好吃的汤不少,白菜豆腐汤、青菜粉丝汤、西红柿蛋汤以及三鲜汤都是我和朋友们所喜爱的。想起一个喝汤男子的可爱模样,不禁莞尔。

那次与好友及她男友一起在小店吃饭，当时他们的感情正在萌芽、酝酿之中，醋酽之际，我不怀好意地对男生说，如果你能把这汤喝完了，我一定在好朋友面前帮你多说好话。当然，那只是说者无心的玩笑，很大的一碗汤，当时已酒足饭饱的他要是真喝，还真需要些"肚量"。我没想到的是，他二话不说，竟真的一口气全喝光了——至今，我手机里依然存有当时他捧着大碗和好友托腮微笑的画面。我以为这是一份难得的幸福，是好友该好生珍惜的。我对他说，每个女孩都是一道汤，酸甜苦辣，各色各味，对胃了，就用心喝，浓浓淡淡，那都是美味和富足的。他没回我，看着她笑。

情人节的前一天，又在北方水饺馆见识了一个男子对汤的态度。那天朋友他们办好结婚手续后，就约去小店吃饭。等菜的时间里，谈话中明白他们选择在情人节之前登记结婚，取的是"213"的谐音——"爱一生"之义。还记得他们脸上幸福在望的笃定，两两的对视，都脉脉含情。上菜了，男人殷勤地为女人盛饭夹菜，自然而甜蜜，让人艳羡。他们都在乡下中学教书，难得进城，以为他们会赞不绝口，没想他们倒说没有自家做的好吃，并约我们改天去乡下赏赏他们的手艺。喝汤的时候，只见男人把碗里的饭菜吃得干干净净的，先用汤将碗里的油清除去了，才往碗里舀汤。我心想这人还挺郑重其事的。他用小勺舀起吮吸了一口，而后夸张地皱起眉头。他说，这汤有点咸了，不该放胡椒，把汤的味都败了。我们尝了一下，却都觉得蛮可口的。他不无骄傲地说，这汤还没我老婆弄的好喝哩。那时，在女人脸上，我又见到了似曾相识的幸福。我一般不大喜欢在家里弄饭，觉得把可贵的时间浪费在餐饮上，实在可惜。在那天后我却突然想到，相爱的两个人，一起住在一个屋檐下了，还是该让家有点炊烟味道的——为心爱之人竭尽厨艺，做一桌饭菜，熬一碗滋养身心的汤，将生活当成一道菜肴，好好烹调出香气来。

最近一次去小店用餐，是爱人去另一个城市学习进修前，因将会有几个月的离别，心里都怀了些惆怅。菜是往常点过的菜式，周围等菜的人们一个都不认识，窗外有很多人在匆忙赶路。

吃饭时，听到有人语调平淡地说，北方水饺馆即将拆迁，到一条新建的商业街去，不由一愣。我无法淡漠小店即将面临的变迁。就是这样一个简易的所在，见证着包括我们在内的城市部分居民的"爱情"，为我们提供着"面包"，以为还将继续丰盈我们以后中年乃至老年的生活。我说，真可惜，不知这里以后会变成什么样子，这个店名还会不会存在。爱人理解我，说，有时间把它写下来，作为今后的一点念想。我说，这倒是个好办法，也只能这样了。

人散席撤，宴席若不散，似乎也就不能叫宴席了。吃好离开，我们也成了北方水饺馆食客眼中匆忙赶路的人。其实概而看之，人生不过吃饭和做事两大要务。做事是为了吃饭；吃饭是为了做事。所有的追求，无非是为了能最大限度的吃好饭和做成事。其他事物和事情，琢磨着，总觉得都是些开在其上的虚妄之花。那天当我们将北方水饺馆抛在身后渐行渐远，心情不由得都带了些仓皇。

心里想，小店的老板在别处开馆设店后，这里所有可搬迁的东西有缘可能再见到，只是我们附着于其上的回忆，以及其他不可搬迁的东西，会流落在哪里呢？我和爱人相偕而行，将一些话遗落在了离开的路上。很久以后，我给远在另外一个城市的爱人发了条短信，写道：我们好好相爱吧，趁这未老的青春。

桃城秋时光

生 命 的 花 园

　　我常这样冥思：我们有生之年的时光是一座城市，秋天则是这个城市的花园。当走过萧飒冷漠的冬、花意芳菲的春、酣畅淋漓的夏，我们的脚步就抵达了秋天——我们生命城市的花园，犹如历经恩怨坎坷，心境终究一派清淡空明。

　　花园上空的风风云云，大多时候都是清清淡淡的；阳光在短时间内不会清减很多，往往只是一掬暖流，浅浅地流淌在人间的各种窗上。也有花开放，但常常只能嗅到隐隐暗香，是一些触不到辨不清的冷香。这样的时间和空间让人安静和愉悦，浮躁的心灵会渐趋安详，满满沐浴那一刹儿雨一刹儿风，心上的污浊也会荡涤不少。

　　我喜欢我的桃城。春雨不会太缠绵，冬雪也不会太亲近。在感受四季不同风情时，能自动帮你更新生活的心情，为你消除一些倦怠感，哪怕仅是在一个小小的生活圈子里转悠，也能不时地进行着另一种形式的旅行。春我也是钟意的，特别是阳春三月，有我生日之念想，但多少还是有

186

些惧怕它的料峭；冬其实也不错，因为外界萧索，家内就会显得格外温暖，烤烤火，和家人挤在一张沙发上看电视，在温暖的灯火下摆龙门阵、烤红苕、薰腊肉，都是些很写意的事，但终是太冰冷了；夏太热烈也太喧嚣，和我喜静的性情天生不合，常需花费很多定力才能过得沉静些。而秋，善解人意，绰约多姿，眼儿清媚，即便在某个时候沾带了风尘，也不致失于肤浅。走进去感悟和领受她的风姿意韵，会意迷情离，情不由已；会伤感、低落、清醒、恬静；会为她的丰收而雀跃，也会为她渐次的荒芜而叹惋。

秋天的风很寂寞，越吹越孤寂；秋天的雨很忧伤，越下越彻骨——这是我最近得出的结论。它们来得徐缓，去得幽静。我有时会在荡漾着晨光的叶子背后看到它们，它们对我灿然一笑，像爱捉迷藏的孩子们；有时我会看见它们在河边踟蹰，在秋水之上水袖飞舞，弄得波光潋滟，少女般柔美动人；我常常见到它们的地方还是在窗前，那时的它们像沧桑的老人，面容安静。

风过，雨儿轻柔地滑落，窗纱拂过手臂，忽然有些战栗。冷。是风雨第一个告诉我的：天气真的秋了。

无论你是人是城，无论你曾经拥有过多厚重的繁华，说寡淡就寡淡下来了。

一个人的旅途

冷冷清秋，中秋之夜是一个让人难以绕过去的心情，难以解得开的情结。

中秋，月圆。有些悱恻，有些迷茫，美好而又忧伤。

有一年中秋，有雨无月，我坐了一趟又一趟的公共汽车，在循环地穿行中度过了那一晚的光阴。

那是一次孤独而带了些感伤的旅行，雨线斜曳，月儿被隔离在遥不可见的天上。

陪同我的是MP4,以及一副耳线。

我喜欢在一个人的时候,用音乐隔开外界,周围一切事物的发生、进行,都在贴心的音乐中进行,脚步的移动包括心跳的节奏都和音乐在一起。

旅行开始,MP4播放着我刚从网上下载的《秋天不回来》,一段关于秋天的音乐——

　　　灰色的天,独自彷徨
　　　城市的老地方
　　　真的孤单,走过忧伤
　　　心碎还要逞强

歌者对已离去的爱人说,想为她披件外衣,告诉她天凉要爱惜自己,对她说每个想念的夜里,他总是哭得好无力,于是,就想让秋风带走他的思念他的泪,秋雨淋湿他的双眼,冰冻他的心,让他不再苦苦奢求她还回到他身边。

于是,念及自己,苦笑,然后微笑。少年痴狂自古都一样,相爱就会相煎,互爱就会互伤。让人释怀的是,若有了悲苦,也自会有喜悦盈怀,凡事相依而存,相怜过相爱过,就是一种幸福。不明白为何人们编唱的情歌总是自带寒气,而那些温热的爱情,却似乎难以成歌而唱。

倚窗。看不断向后穿梭的街灯,看静默的建筑,看斜曳的雨线,看马路两边来来往往的人。桃城是边地小城,曲曲窄窄的街道,确实不能叫公路,"马路"更确切些。

从起点坐到终点,又从终点坐到起点,最后回到起点。

我和音乐和车一起在光阴的隧道中穿行。

什么都想了些,什么都没有去深想。

不同年纪不同面孔不同表情的人在我身边出现了又消失了,不同颜

188

色不同光彩不同形状的霓虹在车窗前飞快的闪现又远逝。

像一出戏,人们上台、表演、退场;像一片海,不断潮落、潮涨;像一棋局,摆子、冲锋、残杀、直到输赢落定;像四季,春暖了夏来,夏凉了秋到,秋寒了冬至,冬复苏了春又回来。

一花一天堂,一草一世界。一叶一菩提,一土一如来。

一次旅途,果真是一截人生切面。

我既是不动的,也是动的。我是个相对静止的旅客,暂时相对停止了身不由己随波逐流的行走。

很遗憾,整个行程,我都没有看到一幅让我心生温暖的画面,也没有在任何一个人的脸上读到一点点关于中秋的讯息,或一点点鼓舞人心的气氛。也许是我选错了地点,更选错了时间。当时哪怕只是一个含笑的对视,一个真诚的眼神,我想都会让我在瞬间倍感温暖。所有人都面无表情地赶路,到达目标然后下车。

其时,我也没有微笑,向任何一个同行者。

我终究把头撇向了车窗外。只见灯火冷漠,建筑清冷,伞下的人们面带沧桑,眼神是与车内人们相似的冷漠与迷茫。

每次到终点站或是起点站,车上总是空空落落的只剩下我一个乘客,车里宽敞清寂得让人有些害怕,让我想到人在出生和临终时,都是异常孤独的。一种是到达一个完全陌生的世界的孤独,一种是独自离开一个基本看透的世界的孤独。而对活着的人来说,太眷恋或不眷恋都孤独。

每走完一趟,司机都会回头看看我,看我下不下车。他总是用一种带了好奇的眼光,似乎在探究,还有询问。我神情平静,没有给他任何答案。

正如我也不会去问他,中秋是什么,月亮是什么,美与爱在哪,人们包括他自己一天忙活着真正为的是什么,人应该怎么活,才能最大限度的幸福,世界什么时候才能最大限度的完美。

直到最后,我才说话:师傅,付你车费。而后下车,继续细雨里的穿行,脚步落寞。

回到家,旅行算是结束,MP4正放到《死了都要爱》——

死了都要爱

不哭到微笑不痛快

倾听着,不知怎么,被冰雨浸凉的心还是被温暖了,震撼了。

雨水和泪水一起在脸上纵横。

MP4陪我过了那年的中秋。那年我24岁,正是人生月盈之期,那样的夜,我该和一些人一起过的;这样的歌,我该和一个人一起听的。

睡在床上枕手听雨时,我想,等雨停了,不属于中秋却仍属于秋天的清凉月光就会洒落在桃城所有的窗台。阴暗拭去,美与爱会无比精彩。

路 上 的 风 景

每一年秋天来临时我都特别流连路上的风景——这或许便是我偏爱步行的主要原因。走过熙攘闹市,也走过萧条巷道,所见所感,一一如秋的温度,乍暖还寒,乍寒还暖。

行走中,一张不再年轻的面孔,一个不再清澈的眼神,一个迷茫的微笑,都有可能会使我心头阵阵发酸,即使走过了也久久难以平静,我以为那都是些在挣扎、奋拼的生命,可爱、可亲,也可悲、可敬。那些风风光光招摇过市的婚礼花车我不会有任何触动,以为只是一种看似华丽的形式而已,但两个相互搀扶着缓缓走过斑马线的老人却能让我心底柔软,我以为这是人间男女之爱到了根究了底的一种实质体现。

走在路上,不经意间会邂逅一张张似曾相识的脸庞,像老家那边某个亲戚的脸,我们默默擦身而过,偶尔也会心照不宣地相顾一笑;有时会踩到一些不知属于什么树的叶子,脚底下起了一阵细细碎碎的沙沙声,像一个老人在轻幽幽地嘘气。

我常常希望在路上遇见那种模样清癯、脸色平和的老人,气质不俗,眼光安详,折射出他们洞明世事的平和。在他们身上,我时常悲秋的心就会觉到一些慰藉。人生中那些悲欢离合、爱恨情仇、喜怒哀乐以及风花雪月,他们不一定都经历过很多,但他们一定读过很多书,阅过很多世事,参破了璀灿俗世的种种美丽:不再拈花把酒故作痴狂,也不再笑傲江湖佯装放荡,埋葬了一度执着的儿女情长,坐看风云起,淡笑看众生贪功恋势、心机算尽,竞逐那镜花水月虚空一场。他们在他们生命的花园——秋,过得是从容不迫,他们以无人能及的纯粹,尽享人生的美好时光。

我叙述的好像大都是些老人,或确切地说是不再年轻的人,是的,在秋里,那些步入生命之秋天的人们,他们的音形容貌以及一些有关于他们的镜头总能轻易引起我的注意——

他或她和一个稚子在嬉耍,天伦之乐,笑声生动;

他们缓缓走在斜阳里,表情温和,身外彩霞满天;

他们离开了大路,独自走在小道,蹒跚的身影像风中摇曳的古树,冷漠而又苍凉;

他们默默望着正在拆除中的旧房子,笑容喜悦而又悲凉;

他们在椅上以仰躺的姿势度着流年,岁月的河水在他们脸上缓缓流过,留着清晰可见的印痕;

……

那些一眼就能看出是从乡下来的,时不时能在街头巷尾遇见的暮年之人,通常背着一个大背篓,那些废弃的尚有一点点回收价值的东西堆积在他们身上。他们或许已从大山走出,却总有一些山压在他们背上。

桃城固执地保留着五天赶一集的老习惯。若在赶集天,我能遇见更多乡下老人:他们有的在农贸市场匆忙走动,购置些家用物品;有的在街巷边卖红薯、大米、玉米、木制品、竹制品之类的东西。这些土货本已够廉价的了,却常有精明的生意人将价格一贬再贬。看价格还过得去,他们就卖了,那么重的东西哪还有力气再挑回去呢?只是听说有时候还会得假钱,自身的一点点也会在补钱时赔进去,在人群中号啕大哭,两眶浊泪。有爱听苗歌的,都是时下戏称的"资深粉丝",静静地守着苗歌摊子,在朴实单一的唱调中忘却了扰攘人世,也忘记了生活中各种恼人的家常——也许,与土壤最亲近的他们,挣扎在贫苦磨难里太久了的他们,再尖厉的荆棘也不能再刺痛他们的心脏。他们径自在歌里微笑着,皱纹在那时都做了弦线,美妙的旋律在上面行走、跳跃。

人在生命之秋似乎不应该这般零落萧瑟的,但愿是因为我坐井观天,视野太过窄小的缘故,只是这些秋天里的事物,常常让我无法言语。期盼时不时在路上遇见那种模样清癯、脸色平和的老人,后来竟酿成一种深切的绝望。我不奢求和他们住在一起,只求静静地在一旁观察他们,揣摩他们就足够,哪怕只是擦肩而过。我总觉得他们就是秋天,什么都从从容容,一切都天高云淡。

每一年的秋天,我就这么走着看着想着,过着一个个标记着秋的日子。当我再次走过一季繁芜,终于明白,我们有生之命的时光,它一直都沿着这样一种轨迹在变迁——乍暖还寒,乍寒还暖。

钗影

【昼夜交替的瞬间影像】
【篇章】

诸多禁忌

为图方便，老爱穿着衣服缝连修补，特别是对胸前那两颗帮助看护身体秘密的暗扣，穿着钉更容易找准位置。妈妈如果在一旁看到，便会被郑重而严肃地喝斥我：咦？怎么又忘了！脱下来再缝有哪样麻烦嘛？

穿着衣服钉纽扣爱被人冤枉。这是妈妈制止的理由。看到我屡教不改，妈妈后来告诉了我另外一种破解法：实在没办法必须穿着衣服缝补什么的时候，一定要记着反复念句歌谣，直到缝补结束。歌词翻译过来大致意思是：

> 请等一下，请等一下
> 等我和你们一起出发
> 赶集的蓼皋街上有人死啦
> 请等我和你们一起去吧

一件极简单的手上活路和死人有什么关系？妈妈语焉不详，我更无法查究，但寥寥数语中自然而生的恐怖气息让我愕然，妈妈成功地让我至今为止，每次穿着衣裳钉纽扣都记着要默念这首歌，不仅是想回避可能发生的冤枉事件，也不仅为了防止烦恼的物事跟着纽扣一起钉进身体，让我一生都无计解脱，还有为了等待某天有人来给我解开这个谜。

夜晚不要梳头发；深夜不要照镜子；一个人走夜路要带火种；吃年夜饭时不要乱串到人家屋里去；怀孕女人不能坐着人家小孩的衣物；月子中的女人不能去人家串门，不能过土地庙；在不熟悉的山井取水喝要扯根茅草打个结，投到井中后再喝；晚上听到不熟悉的声音貌似在叫你时，千万不要答应；每月的初五、十四、二十三是忌日，诸事不宜；出门归家都要看个好日子，记住七不出门、八不归家……

这些都是小时候，妈妈时不时警诫我千万不能做的事，我从来不敢违背。有时在梦境里偷偷背着妈妈照镜子、梳头发，常常被自己吓醒，因为梦里面的镜子映照的人从来不是自己，梦里面的头发怎么也梳不顺。

曾问过妈妈为什么会有那么多的讲究和禁忌，妈妈说全是老祖宗再三告诫的，自然有它的道理，没有成文，但一辈又一辈的桃城人一直都是这样遵守的。不言而喻，妈妈现在又把它们传给了我这个桃城人，保佑我尽可能的平安吉祥。我愿意尊重并遵守这些禁忌，也许任何一种禁忌的背后，都有一件或一大堆秘密可查，只是遗憾，很多禁忌都被人遗忘，即使虔诚遵守也都已是知其然而不知其所以然了。

烧蛋治病

爸爸年轻时习得几样疗病的小法术，较有名气的一是给人吹眼翳子，二是"烧蛋"。"烧蛋"这个特殊的动宾词组，具化起来大致是把土鸡蛋在病人身体不适处来回滚动，然后拿去煮熟，剥壳后检查蛋白是否有异，以判断是否沾染上什么不干净的东西，然后对症下药。2014年，一直住在桃城乡下的爸爸跟随我们搬迁到铜城，这些"技能"就基本上没什么用武之地了。

汉语言里的"病"，桃城苗语用"mongb"表示；汉语言里的"生病"一说，松桃苗语有"Daot mongb"（得到疾病）、"Janx mongb"（长成疾病）、"Chud mongb"（演变成疾病）等几种阐述。说的是，有些病由外部送来，无论患者愿意不愿意都得承受；有些病从人类身体内部长出，和果子从树上结出是同一个道理；有些病是量变到质变的结果，如因惊吓、劳累等形成的疾病。在苗族的传统理念中，疾病本身也是一种有生命的灵物，所以"Zhaot mongb"即"治病"一说中，就并不是完全完全意义上的消除疾病，而是带有安置、抚慰、收藏、控制等等含义。造成疾病的原因不同，治疗的方式也不相同。如是来自于上天或神灵的惩戒，或是遭到妖魔鬼怪的缠绕，患者要解除痛苦便得先请巫师为其赎罪和驱除妖魔的缠绕，由医者替患者把病痛"收"起来。"烧蛋"，当然必须是土鸡蛋，据说能准确判别患者是否中了某种邪毒，抑或是冒犯了某方神鬼。

2015年的一天，姨孃和姨叔从桃城老家赶到铜城，专程来找爸爸给姨叔"烧蛋"。

还未开始烧蛋之前，姨孃把我爸爸拉到了厨房的一角，小小声地嘱咐："他的肺癌已经老火，怕是没多少日子好活了，一会你给他烧蛋，哪怕没验出什么你都要给他说有点，然后用你的办法帮他治治……"。我当时正在厨房炒最后一个菜：白菜豆腐汤，完全根据姨孃的要求，油盐都十二分清淡。目光匆匆瞥过姨叔瘦骨嶙峋的身影，明明是右耳朵在偷听，左右心脏却都同时痛得厉害。

后来看爸爸为姨叔"烧蛋"，一脸肃穆地念念有词，惘然于这个桃城人沿用千百年的医术，"戏"在其中到底占着几成的比例，还是所有医术要完成的，原本就不应该只是诊治病体，最最重要的，是应该想着怎么去宽解一颗失去光明与信念的病心。

土地保佑

乡下老家那边，乡亲们在突遇不测或横遭厄难时，都会脱口而出一句：土地保佑啊，土地保佑！

我有意识地观察过，在大脑空白的那一瞬间，乡亲们的下意识里，决然不会想到说"上帝保佑"、"菩萨保佑"、"老天爷保佑"等等之类的语句。

曾以为他们说的"土地"是庙里供着的土地公公土地婆婆，可后来细想就迷惑了：庙里供奉的诸神菩萨多着了，不乏神通广大有求必应的，土地神位卑人微，如何护佑得了芸芸众生？

在西游记的故事里，土地神多次出现，但都只是孙悟空召之即来呼之即去的小神，连"辖区"内的小妖都奈何不得。特意端详过土地庙里土地公公土地婆婆的样子，慈眉善目，哪里有什么驱魔镇邪的杀气？

再后来，在一些苗族学者的论述中读到了对苗族之"苗"的解读：苗族人最早种植稻谷、养蚕缫丝、冶金铸造、制刑立法，是水稻生产的好手；这个多遭杀戮却连绵不绝的民族，热爱土地，敬畏土地，一直把山林田土看成他们最宝贵的财富，当作是命根子一样的东西。

土地保佑。土地保佑。与犹太一起共称"世界上最苦难的两个民族"的苗族，千万年来，骨子里血脉里对土地永世的依赖、眷恋、崇敬，一句冲口而出的话就已泄露无遗。

些微了解土地之于苗人的精神意义后，再查看苗族历史，便注意到载入史籍的嘉靖苗民起义、乾嘉苗民起义等等，果然几乎所有的战争都为土地而起。他们深爱着土地，捍卫着土地，相信着土地，但土地却给他们招致灭顶的劫难。

苗族人如此期冀并迷信着土地的保佑，或许是因为他们认定，在这茫茫乾坤，只有土地，唯有土地，能始终承载他们的站立，那些让人心安的颜色，那些暖心暖胃的清芬，是人最牢靠的也是最终极的偎依。

可最后这土地到了谁的手里？没有。最后是，不管是谁，都到了土地的手里。人们的骨血融入大地，地上年年草木枯荣，所有的轰轰烈烈都会销声匿迹。

某日，下意识地长久打量"土地保佑"这个词，分解开原来是——

"土"："一"个"十"字架；

"地"："也"是"土"；也是一个十字架；

"保"："呆""人"一个；

"佑"：一"人"一"口"错（×）。

我讶然，愕然，哭笑不得，"土地保佑"一词的潜台词，换种角度看竟是活生生的十字架，是痴人的口误，苗族人千万年来虔诚信奉并时时念想的"土地保佑"，解剖开来让我实在不敢相信自己的眼睛。

佛歌缭绕

乡里人信菩萨,农历六月十九,是不敢怠慢的重大日子。

要去寺庙许愿还愿的人们,那天必将刻意净身漱口。香纸红布,斋粑豆腐,给诸神菩萨准备的礼数常会撑得满满一背篼。

散落在桃城村寨山林里的多是些小寺小庙,没有红琉璃瓦,难见朱红漆墙,多是灰黑的泥石瓦片。乡里人自个用毛笔书写的对联,蹙眉鼓眼地站在寺门外迎来送往,是"天雨再宽不润无根草,佛法无边难佑不善人"之类的佛言诫句。但一抬头,可能就会吃一惊,半空中重重叠叠地横亘着艳丽无比的红布条,必定把头上炽热的阳光给比下去。"有求必应","许子得子",青烟缭绕处,头顶一片炫目的丹砂红,仿佛一条条在天空横淌的河流。

寺小而陋,敬奉的菩萨塑像也多半简易普通,木雕,高矮大小和凡人一般无二,但蛮热闹,玉皇大帝、太上老君、送子观音、财神菩萨、二郎神、刘备关羽张飞都有。寺里寺外还愿或许愿的人们,有可能是平日里抬头不见低头见的乡里乡亲,也可能是从未谋面的外乡人,烧纸、上香、加茶、倒酒、作揖……一起忙得不亦乐乎。求之而得,感天谢地;求之不得,听天由命，人们的表情是大致相同的恭敬虔诚。

中午休息，寺庙里外以各种姿势休憩的大多是些老人，面庞黧黑，脸上皱纹盘根错结。于人群中埋着头趴在小木桌上挂功德账的，多半也会是老人。进庙的村民有送香油、肉、酒等实物，也送现金。那双握惯了犁耙锄刀的手，握起笔来可能会有些微颤抖。笔是那种粗制的小毛笔，本子是用黄草纸裁剪装订成的簿子，黄纸黑字，荡漾着一层神秘的光泽。上面的数目，几元，几十，几百不等。帐上的钱将用于修缮寺庙，或购置香油斋粑什么的来供奉菩萨。

在来人较多的寺庙，通常能听到佛歌。歌喉沧桑，歌调朴拙，歌词难懂，听着听着心就会迷怔，肉身像羽毛一样轻，在半空中被云朵托住，心跳不知去了哪里。

庙墙外，从枞树叶中筛下来的阳光像一只只灵动的小蝌蚪，在咿咿呀呀的唱调中四下浮游。到处乱窜的娃娃崽妹妹崽们不懂佛歌也不晓佛事，只是来凑热闹。大人们每燃放鞭炮，他们就往响声处一窝蜂而去。

天色渐晚，寺庙住持吆喝大家吃饭，来祭拜的人们络绎聚拢来，七个八个围成一桌。煮饭炒菜用的柴米油盐都是香客敬奉的，厨师是往年大家公推的那几位。寺庙小，没有也不懂那么多的清规戒律，早上吃素，到晚上就人神共娱了：红烧肉，家常豆腐，冬瓜排骨，茄子，辣椒肉丝，凉拌黄瓜，全用大菜盆盛着，不拿筷子夹，用勺子舀……

当暮霭渐起，佛歌再度生发，在寺里一圈一圈地缭绕。

烧纸过年

梳理出一两条桃城苗人过年的讲究,觉得挺有意思的。

年前年后几天的讲究就无法细说了,单说过年这天。为"年"拉开序幕的第一个讲究是烧纸,家家户户在弄年夜饭前都得先履行。吃过早饭,阿妈切几大坨刀头肉、腊肉煮好,分别放在大瓷碗里,插上一双竹筷子,形成个倒八字,和高粱酒、香、纸钱一起装在竹篮,准备停当后递给我,吩咐道:"去喊你弟一起,给'土地'烧纸吧。"我们叫着的"土地"专指一处地方,设在寨子的大道边或古树下,用三块大石板堆成,看着矮小简陋,但自有一种神秘庄严,在关于鬼的各种故事里,有"鬼不敢过土地"的共同说法,佐证着"土地"能镇邪护寨的古话。

说是给"土地"烧纸,其实不止。堂屋正中的"家先",左间屋子的"夯果",猪圈边、灶门前都要一一烧到,敬拜天地君亲师及各方神灵。放鞭炮是阿弟的事,我和阿爸负责摆杯子、倒酒、烧纸、点香,杯子是两个,纸一小叠,香是三根,点着了,捧着香对"土地"弯腰作三个揖,嘴里念叨着愿望:保佑我们一家平平安安健健康康啊……每烧一处,都相应说些愿望,比如在猪圈边烧时就是"保佑我们家养猪猪肥养鸡鸡长啊……",

这一声"啊"不是感叹，是尾音，说时特意把它拖长，拉软，听着像踩在蓬松的棉花上。作好揖，插好香，酒杯在烟上巡个来回，喝一点点或全部倒在燃烧的纸钱上，鞭炮嘛哩叭啦响两声，就算进行完一处地方的烧纸仪式了，然后穿过缭绕青烟去往下一处。由于每家烧纸的时间不齐，鞭炮声檀香气此起彼伏，会热闹到下午三四点钟左右。给"土地"烧好纸，转回到家中，要先把肉换了才再接着烧。当该敬奉的所有地方都敬奉过，酒肉篮子递还到阿妈手上，年夜饭就正式开始蒸炸煎炒了。

吃年夜饭之前也有讲究，得让家里的狗先吃。据说是因为远古时候狗搭救过人类祖先，得记挂着，并在过年这天格外敬重。一家人全围坐在桌子边了，还是不能马上动筷子。阿爸或阿妈会很郑重其事地说，"来，喊祖太祖公他们来和我们一起过年……"那些很久前逝去的祖先及不久前逝去的亲人们，我们在叫的时候，不觉得悲伤，也不觉得害怕，完全认为理应这样，也完全相信他们能听到和看到我们的恭请，赶来和我们一起过年。

吃过年夜饭，就是洗脚了。这也是一件必须认真对待的事，阿妈对此的解释是：过年洗好脚，走到哪里都讨人喜爱，得好吃好喝款待……现在不愁吃不愁穿，关于洗脚的封赠不再那么富有诱惑力，但大家都把洗脚这个讲究遵循了下来，似乎不洗不快。

等我长大到二十五、六岁，嫁到城里边，住进商品房，年仍然年年过，但没有了仪式感，少了这样那样的讲究，竟觉得挺想它们的。以前是我和弟弟跟着阿爸一起去烧香烧纸，现在是我弟弟带着他的孩子去了。

化身为鱼

桃城有个苗寨叫大湾，叫大湾的苗寨在桃城怀抱里像尾睡姿安稳的鱼。像得要命。

没有人得知这条鱼是从哪片湖泊游来的，怎么就滞留在了大湾这里。就像人们同样不知道，是先有大湾后有鱼，还是先有鱼后有大湾。

现在城里乡下到处赶时髦修水泥钢筋的高楼大厦，大湾还是爱着她的黄木黑瓦吊脚楼。前些年大湾成为苗家风情摄影基地，于是人们在摄影镜头看到更美的大湾：那些青色的山岚，是大湾的秀发；绿色的草木，是大湾的缕衣；黛色的瓦檐，是大湾的蛾眉。还有一张抓拍到的大湾人结亲的精典画面：不知道是弟弟还是哥哥背着姐姐或妹妹，让亲人十趾不沾泥地到别人村庄去，后面是一长串送亲的族人们。没有枝蔓的爱情走到婚礼，鞭炮如同瓜熟蒂落，环佩处的红妆委实叫人着迷，接亲的人们，笑皱了一脸炭灰。一切都让人相信，人间之事，确实有童话一样的结局。

摄影师的镜头较少直接对准村里的鹅卵石路。有些东西，因圆滑，而幸存；之后的被践踏，后人看去，只知是凹凸的衬景。来过的人们大多都会在老井上的石土墙边合个影，石土墙是用鹅卵石和黄泥巴砌成的，墙上的青苔和老井的青苔差不多年纪。在漫阔的光阴里，老井与鹅卵石路一直是彼此的好伴侣。在阳光好好的季节，孩子们的影子会在上面奔跑。年轻的人们会从寨边新修的水泥路走出去，走得很远也走得很久，愿意在此终老的妇人们，则会把每掉下的一根白发，都埋进家门口紫槿花下的土地。当老去的人们不断以死亡的方式停止衰老的时候，离开的人也在不断地回来，因为眷恋起大湾的好，他们先后立了些三柱四挂或五柱六挂的吊脚楼，有供外神的"家先"，有敬家神的"夯果"，像厌倦天空的飞鸟撤回它温暖的巢。

吊脚楼的木上莲花开放之日，风会专门为它歇息一天一夜。木匠们的起屋歌，老巫师唱诵的召魂赎魂的辞诀，老人手中雕刻的傩面具，都有数不清的巫的秘密。

不时会有陌生面孔到大湾来做宾客、看风景、吃农家饭、喝糯米酒、听迎客歌。当山风稀释去鞭炮硝烟，忙碌的主人撤去来人来客时搅腾的热闹，大湾就又会回复起初温静的模样。送别客人，这里的人们在如河的岁月里，也会化身为鱼，悄悄又静静。

绣衣一袭

背影。正面。侧身。

在诸多以松桃苗族服饰为呈现主题的影像作品面前,总有色不惊人死不休的红蓝绿紫。苗族姑娘们赶秋、绣花、对歌、吹乐……眼帘处,耀眼而明净。细瞧去,得绣衣一袭。

"把历史穿在身上",属于学者们后知知觉的判语。贴在心胸处的绣花围腰,深黑色的绒布底子,光艳无比的花鸟虫鱼——没有文字,先祖们就用各种纹饰和色彩来记载史事钩沉,存储记忆密码。学者们引经据典,有板有眼。

到如今这个衣样繁多的时代,苗家的后人们似乎已经不再刻意这般去想和做,他们遵循天性宠爱着父母辈留下的花绿衣裳,或依样画瓢,作些与时俱进的添减;抑或任由体内基因作主,对哪些东西情执深重,对哪些东西蔑如粪土。

待将朝气蓬勃的花鸟围系在身,轻转袅娜间,便是步步生色、步步生香。桃城苗族人还酷爱各种蓝,这种颜色性子静,朴实温淳,和绣样、银饰都是绝配。想想一袭蓝质绣衣的姊妹们,在那些我可能一辈子都难以抵达的偏远空间里度着流年,用蓝天之蓝裹住身子,用绿地之绿包紧足踝,人不复杂,也毋须复杂,该是多好的事。梦境里,时常仿着她们把蓝笼在身上,想像自己也如同云朵身后的蓝,成为一种广阔而透明的存在。

那样的衣物真叫我爱戴。它们与我说,那些离我们而去的史事从未与世长辞,而是隐藏在我们这些后人的心脏内、血液中,无时不刻不在跳动或流动,长久地保有着体味和体温。每当我可以理直气壮地脱下毫无灵魂的时髦穿着,换上鸟语花香的装束,低头扣上绣花鞋带,在环佩叮当中穿过大街小巷,不无虚荣地接过被惊艳征服的目光,浩瀚在心底的,是一直在追寻的幸福感。

唢呐花轿

当众多簇新鲜艳的他人东西汹涌而至，我还是喜欢转身低头怀念和端详，古老朴实以及与自己多少有些瓜葛的东西。

这回是张桃城的老照片。欢愉的景，欢欣的人，欢腾的色，如风撞瞳门。这场喜庆的苗族婚礼，属于桃城年轻儿女也属于曾经的自己。把一个不知容貌的女子从一个村寨载到另一个村寨的，是盛开的唢呐和花轿。

此时，松桃松桃，男人如松，女人如桃。

浓妆重彩的轿子似乎特意为镜头停下，当时摄影者透过镜头看去，定是一大波热切喷涌着的朱红。果断按下快门的他是幸运的，也是有心的。因为即便在桃城苗家，这种形式的婚礼现也不常见了。

匆走的岁月一边产生新事物，一边吞噬旧事物，我们人类像寓言里那只掰玉米的猴子，不断扔下手里拥有的食物，却不知道自己追不上兔子。回望一路无意或无奈弃下的事物，常心生向往，尔后感慨。

关于桃城苗族的婚嫁，俞潦先生在其《松桃苗族》一书中有段详细而生动的记叙：

"……启程前自然要吃早餐。其中，女方姊妹用锅灰涂抹挑花缘酒的人（苗语亦称 Bad qub，汉音：巴助），以宣泄姊妹被娶之愤。"巴助"脸如花猫却不能发气和冲洗，随迎亲队伍返回，一路被人指点嬉笑，顿时增添许多情趣。……娶亲当晚，宾客蜂拥，甚是热闹，席间就有一处歌声突起（劝饭歌），接着两处、三处……接亲方青年男女针对送亲方青年男女，添饭时故意填饭盈碗，歌声猛泼对方，引发你问我答、你来我往的歌唱热潮。不会歌者往往窘迫至极，为人笑料。饭后，歌兴正浓的男女围着火坑，便开始通宵达旦的歌唱……"

感谢俞潦先生的文字，让我们得以在阅历几多现代婚礼后还能准确回想那场日趋遥远的桃城婚礼。

相爱的人结婚了，是为了保有和继续幸福，不论简单或隆重，他们的婚礼都会是一场喧天盛宴。当时光流云一般渐行渐远，晃荡于喧天锣鼓的接亲花轿，会载着白发苍苍的他们回到当时当地，在美好的怀想中目光璀璨。

镜盖合上，唢呐声声在耳，载着新人的老轿子继续热闹前行。

魔幻草垛

桃城——昨日——僻远处。

明明是被剃去美妙长发的稻田，一夜之间却盘扎出一个个古怪的髻，阳光和风的脚步由此犹疑，他们不知道是该逗留，还是继续奔向阡陌尽头的乡野。

这般特立独行，这般自在魔幻。一树一树的草垛，如同仰望天堂的鸟，披挂霓裳云衣，长久保持静默，孕女般臃肿的身子满是稻谷和蚜虫的味道。

也有勤快的庄稼人不忍心把稻草就此抛弃在地里头，一挑一挑地挑回家去，垒起来，或与松柏作伴，或与棕榈相依，不断堆放加层。草垛把他越垫越高，蛮以为自己成了天人，一伸手，天还是那么高那么远。

后来，草垛的草成了妹崽娃崽们跳绳的绳子，成了农人家里黄牛水牛的佳肴，成了棉被下柔和的垫子，成了煮饭炒菜的烟火。燃烧后的稻草黑得发亮，轻轻一捏，便成飞屑。草垛在日子里越来越瘦，最后只有树顶上还剩着一簇稀稀拉拉已褪成灰褐色的枯草，像旗幡在风里飘摇。

明显是枯寂了。有如这些草垛，世上事物的亮丽绚烂都是昙花一

210

现，一次之后，便黑白，便枯老荒芜。眷恋再深刻，也只能眼睁睁看着萎顿失去。

何必可惜？丰登的美艳，一次就足够。置之死地而后生，枯死的本身就是一次重新出发，只是过往情感将藏匿脑洞。这些稻草以垛的形式在桃城干砾广袤的土地上站立起来了，它们仍如年轻时一样摇曳生姿，幽香袭人。它们还将以各种形式存在，和这里的人们继续以后的生和活。

铺如裂帛的云，色如黑夜的土。我在一张照片上遇见，可能一辈子都没走出过桃城的一位老人，一次次从草垛走向草垛。

花开如鸽

梵净山间的珙桐盛放的时候，是春光烂漫、山花亦烂漫的时候。珙桐不烂漫，它只清雅玲珑地静幽盛放，风起了，就摇摇晃晃。

有人说，那是一群鸽子住在树上。

也有人说，明明是一些花朵开成了鸽子的模样。

细瞧去，果真活脱脱是一些因眷恋清凉树荫和芬芳泥土，以至忘记飞翔和不想回巢的鸽子，它们因为只在风起的时候拍拍泛着清香的翅膀，随风歌唱，渐渐的，属于天空的白色翅羽就蜕化成了大地的幽香花朵。还像古老传说里的织女与七仙女，与心仪的男子相遇后，便弃了天宫，缱绻人间。

鸟魂化作的花的物语，世俗之人哪能轻易解读。倘若合上双目，在隐淡的清香里静心冥想，或许能感受到有些东西在手掌间轻灵地飞翔，幽静的妩媚。每一片叶子，每一根花瓣，都能讲述一个专属于它们的精彩故事和淡浅心事；它们会不约而同地提到，一五一十地告诉你，它们是第三世纪古热代植物区系的遗种，是世界上濒于灭绝的单型属植物，为了与你相逢，它们历经了太多太多流年。听完这些，你会在感慨它们如此娇弱而又如此顽强的同时，惊诧于沧海桑田后的它们竟然仍能那么纯静幽闲：在征服无数风霜雨雪的岁月后，从它们身边映射出的，是远离尘嚣的寂静，是与世无争的淡远。不自觉地，你就会深深地爱上它们，不愿告别，不能离去。

风起。山动。静谧幽绿的梵净山间有鸽子一样的花在飞翔——除了这些盛放的冰晶玉洁的生命，不知还有谁在证明那些逝去的无痕的时光，以一种美丽的姿态蹈于风霜雪雨之上？

以爱作肴

恋爱豆腐得去桃城的盘信镇吃。必须用那儿的井水，也必须用那儿的豆腐，才能做得出传说中的也是读者你想象中的"恋爱豆腐"。

我可以提前从桃城出发，然后在镇边陌上等你，青烟幕处，水草养眼。小河边上，四季都会有些妇人在清洗衣物，妹崽娃崽们玩得不知天日。碰面了，相视一笑。若没赶巧碰上人车熙攘的赶集日，我可以带你像鱼般并排游过寥人的街。盘信的风很大，阳光很多，不必说太多废话，尽管在风中在阳光下多笑笑。

路边餐馆装修简便且无主题，你在随我走进时可能会有些小失望，但一会好饭好菜将做些宽心安胃的弥补。好，现在我们已选稍微对眼的湘黔饭店坐下，将菜点好，磕着炒豌豆或玉米花，在茶香中等待那道诡秘的以爱命名的菜肴。

最有意思的菜上在最后。店主人家会故意先上苗鱼、卤鸭子、地木耳、三角肉、椿树芽炒蛋什么的。在我们享用此"副食"时，厨师正把豆腐均匀切块，轻放到油锅里煎成两面黄，火侯全凭感觉精妙掌握，安稳过关的豆腐会有一层薄薄的黄皮，内里依然爽滑嫩白。煨煮豆腐的糍粑辣子

214

也极讲究，据说花椒、胡椒、白糖、姜葱蒜不可或缺。一切过程，像在精心策划一场目的美好的阴谋。

当一个圆形纯白瓷碟如履薄冰而来，你与"恋爱豆腐"终于见面。你会看到，油辣椒溢出张狂的玫瑰红，像最初的恋爱，一股吸心引魂的味气，黄灿灿的豆腐块隐在这红里，眉眼却处处朴实、可爱，朦胧而神秘。

嚼在嘴里，不知觉就入喉了，唇舌遗一道余香，有些儿麻，有些儿辣。当然还会有别的味道，譬如——沾着辣的香，粘着苦的甜，由你我彼时彼刻的心情生发。

什么都别想，就全心全意收受这道恋爱豆腐吧，也收受舌尖喉头的酸甜苦辣。当你返程，"恋爱豆腐"的味道在心头一点一点细碎成缕，记得把回忆打磨成针，穿上线，打个结，把小镇连带缝进衣襟。

凌刀微步

化用金庸先生在《天龙八部》中赋予段誉的绝世神功——"凌波微步",来形容桃城的上刀山下火海,觉得贴切异常。

不一定是脚踩灯泡或斜走大刀,桃城苗人的拿手绝活很多。

那些面容刚毅、凌刀微步的傩巫大师,在我心中一直是引以为傲的亲戚。

他们将烧得通红的犁铧双手捧起,在主家屋内外来回疾走,驱赶肉眼看不见但在苗人心上"莫须有"存在的恶鬼煞神。

他们把烧得赤红的铁板平铺在地,在火海中驮着人跳起驱鬼之舞,裸着的脚板烙得青烟咻咻。

他们将手探进烧沸的油汤,把锅内东西有惊无险捞起。

他们钢锥穿乳、口嚼玻璃、舌定电扇、单指破碗、纸上飞仙,钢针穿喉拉轿车……两片分开的竹篾,他们使唤得动它们,听话地衔合,再乖乖地分开。

这是一帧我从小看到大的画面:平日里空旷的场坝在某个节庆日子人头簇拥,拔地而起的粗木杆被武装成刁钻险恶的刀山,数缕红巾,数把长刀，吹风断发，寒光慑人。良辰到了，巴狄熊吹开牛角，念诵巫词，徒弟们敲锣击钹，古朴的旋律荡漾无法言说的虔诚与神秘，护佑攀登者并为他们添翼助劲。

虽然知道源自古时祭祀的表演终会完美谢幕，但我每一次作壁上观都免不了杞人忧天，瞅着身手矫健的兄弟姐妹裸着手脚，向天涉，走一步揪一把心。

苗王城外

一直以为苗王城离得很近。

在世界都已近似村的现在,感觉桃城境内的苗王城景区就像隔壁邻居,随时随地可以串门聊天。所以,即使是苗王城旅游宣传如火如荼的前几年,我也从未想过刻意去拜访她。

直到2010年的四月天,我轻叩了一下苗王的城门。

眼前,一派清淡静默图像:残墙,老屋,碉堡,秘道,营盘,古枫,点将台,苗王府,射杀孔,瞭望楼,接龙广场……有新有旧,有老有幼,石板兀自青亮,竹木兀自葱笼。一将成万骨枯,最后枯掉的是石头。新旧交融的杂糅处,确实适合用来思考生活、生存和生命。

有些恍惚,有些震撼。桃城苗人从黄河流域败退到长江流域,部分退守洞庭湖以西的五溪地面,梵净山、辰河源成为最后堡垒和栖息地。这座用于防御攻侵、历经腥风血雨的古战场,见证了我们的祖先是如何屡战屡败,屡败屡战。想象丰富的人们或许可以看到:消散了的乌云重新笼罩在苗疆上空;大地上干涸的褪色斑斑血迹复又流动、凄艳,那些已经消逝了的孩子、花木和虫鸟,在战火中复活、哭喊挣扎、痛苦呻吟。一场场殊死搏斗像一幅喋血画卷在眼前展开。展开。惨烈上演。

旧事磅礴，言语薄弱。没有血水浸染的夕阳，没有泪汗濡湿的月光，今天是又非的城，白日里喧嚣，黑暗中澹然，按部就班过着普通人的无奇日子，时闹时静地眠在腊尔山微笑的褶皱里。

突然明白，苗王城怎么可能是邻居，我的拜访迟到了数百年。这种迟到，痛苦而美好。

时光如纸，隔着我们，咫尺天涯。

有人诵召

　　照片上擎着牛角的老人是位巴狄熊。

　　老人不吹牛角已经好多年，远比他年迈得多的苗疆边墙依旧巍然，浑厚嘹亮的牛角声却已不是他能吹得动的了。人生长到一定程度，真就像一弯牛角，再坚硬的壳，都会在时光手掌的温柔抚摸中徐徐脆薄。老人说得对，人纵有天大本事，都无法要求神灵保佑他永远年轻。

　　老人说牛角是多年前去世的巴狄熊留给他的礼物，也是神灵赐予他的。看样子老人一直坚信神灵无处不在无时不在。想老人当年穿戴整齐，做起法事，定已不是自己。盛年的他想必能翻手为云，覆手为雨，差遣他的天兵天将们为苦难的族人们驱逐忧患，摘来光明，祈求雨顺风调的年成。

　　年轻的巴狄熊以及族人对神灵已经不再那么虔诚了，他们做的法事令老人一谈起就叹气。有的巴狄熊甚至连基本的祭辞都记不全，主持法事唱诵时不敢离开祭桌上那本泛黄的手抄本半刻，而去过大城市的族人们更愿意相信金钱的力量。说到族人们不再信仰神灵、懂得敬畏，老人陷入沉默，他没有提及作为一名苗族巴狄熊会有的心痛和恐惧。

我愿意想象，如果老人能再年轻一次，哪怕只是几个时辰，他一定会披挂整齐，再次把牛角高高擎起，再次召集他的天兵天将，面向神灵居住的方向，在久违了的他们面前祈求安康，为他的族人，为天下的苍生。

我为老人拍下这张照片后再没去过他村里，我还记得他的的冠札是由五六片皮革连缀而成，像我身上的夹克由五六个口袋连缀成的一样。那顶绘有道君、老君、玉帝、灵官、元帅的独特帽子，让老人显得特别威严。我最后问他，为什么做法事之前要吹牛角？

老人原是微笑着的，听我问后就不笑了。

他说，我在诵召。

异质面具

幼时喜欢和同伴去买各式各样的胶塑面具,诸如孙悟空、美仙女之类的。最喜欢戴孙悟空面具,看到同伴们羡慕自己成为神通广大的齐天大圣的眼神,一时间可谓得意忘形,被家长呵斥讪讪取下后,会叹息自己依然是自己。

长大后才体悟,每天,每时,每秒,大地上的居住者们拥挤在地球的甬道之中,赶赴前方各自的目的地,无不戴着张薄如蝉翼混淆真伪的面具,导演或参演各种悲欢离合爱恨贪嗔痴的戏。无形的面具空气一样亲吻我们的脸庞,紧紧地粘着我们躯壳上的表皮,它们和我们的肌肤一般与生俱来,衣物一样自我们降落尘土的那一刻起就紧裹在躯体。很少有人敢于完全卸掉身上所有的面具,裸着肌肤面对这个伤害无时不有无处不在的世界。

长大后也才知道,世界上还有一种坦诚承认自己是面具的面具,是桃城人制作出的傩面具,他们叫它"篙篙滚",鬼的壳壳的意思。

桃城人喜欢把面具做得厚实、扭曲、夸张,甚至诡异,用幽香自生的杨柳木、香樟木,用剜、刻、雕、镶、磨……等技艺,精雕细琢出一张张歪眉斜眼、豁嘴突额、庞鼻吊睛的面具，然后小心翼翼敷彩上漆，等待锣钹鼓磬之声错落响坠地之时，披挂艳丽行头，戴上古怪面具，且舞且唱一出"跳傩"的戏。

桃城人诚实坦荡地告诉观众：这一刻，我不是真实的，我不再属于自己。

后来，在一张照片上看到一位老人。他用木头雕刻了很多面目狰狞的傩面具并将之出售，他高举着一个傀儡面具人，身后是喜怒哀乐各式表情的傩面具，他自己却面无表情。还又在另一张照片上看到过另一位老人——确切地说是巴狄熊。他戴着自己祖先传下来的面具，脸已被涂抹得一团黑一团白。那一刻，不知道他认为自己是人是神还是鬼？人群中的他同样看不出任何表情。

或许，最惊悚的面具才是最真实的面具，没有表情的表情才是最复杂的表情。

倘若全世界全人类的面具表演一旦开始就不会结束，那么，能拥有一小块不需要我们戴面具的地方，有一个能卸下面具爱我们一生的人，我想我们理应感到幸福。

有绿在等

就在第一时间——

想到了"何必丝与竹，山水有清音"。

想到了"儿童急走追黄蝶，飞入菜花无处寻"。

想到了"阡陌交错，鸡犬相闻"兼"落英缤纷"。

想到了"陌上炊烟白，篱前韭色青"。

自然，也想到了"绿杨烟外晓寒轻，红杏枝头春意闹"，"黄四娘家花满蹊，千朵万朵压枝底"。

我想到的都是古老的文字和古老的人。

流光溢彩的画面来自桃城。面前宛然一位以青色面纱半掩颜容的女子，拈花轻嗅。花不语，鸟不鸣，暗香浮动，绿了山与村。

这样的画面，得看一眼便知足了。

可这样的图景，看一眼又怎会知足？

之于城市的我，一直想象和等望着的，可不就是这样的图景：溅落在眉间心上的不是雾霾尘埃灯火浮彩，是繁花香草落英缤纷。然后，倚楼听风雨，枕月听人语。

假想成为这里的主人，每天做完枯燥繁琐的工作，心肺鼻翼便可以完完全全坦开呼吸，归家的路没有车水马龙，不用爬窄长石阶，不用坐沉闷电梯，在家不用瞪着窗上尘土叹息，也不用溺在嘈杂车声里辗转难眠。眼前耳边舌间鼻尖心上，全是碧色芳芬。

假想孩子在这里长大，那么，关于花鸟草木的童话我一定不会不讲于他听。如果他"急走追黄蝶"，我会轻言软语地告诉他一个叫梁祝的故事——每只彩蝶都是信仰爱的魂魄化生。

假想终于垂垂老了，开满鲜花的阡陌会是舒活筋骨的最好场所。"采菊东篱下，悠然见南山"，那种隐逸生活，那种澹然心境，那时的我也可以怀抱。

然后的然后——即便死了，躯壳之灰洒落青山绿水间，有桃红柳绿作伴，亦能一笑长眠。

有绿在等。多么好。

六六七七

桃城节多，再多的节桃城人也过不饱。正月玩年，十四对歌、十五元宵，二月过春社吃社饭，三月清明挂青祭祖，四月八上刀梯打花鼓，五月端午划龙船，六月六晒龙袍，七月十五祭鬼神，八月中秋赏月偷瓜，九月重阳杀鸭……众多节日中，莫名亲切的是六月六、七月七。

六月六属于日光灼灼的夏季。365天轮回到农历六月初六，太阳光达到最炽烈的温度。"六月六，晒龙袍"，虽是人人口耳相传，心上熟得不能再熟的风俗定语，却不知"龙袍"的典故从何而起，也从没想过要去知其所以然，只顾屁颠屁颠地跟着大人翻箱倒柜，屋里屋外楼上楼下地奔忙，用出吃奶的力气搂起厚厚的衣物棉被，跳跃着融进能燃尽霉腐的烈光里。早上晾晒，午后回收，因为对满柜子的阳光味道印象太过深刻，记忆里每年的六月六都是固执的热情满溢。

七月七藏在星月的熠熠光亮里。还记得小时，在听过牛郎织女的故事后，仰面睡在铺满月光的河滩上时心情便不再平静，把头仰了又仰，一遍遍数满天星斗，看哪颗是牛郎，哪颗是织女，喜鹊将从哪里飞来，在哪里聚集。那些河石有圆有扁，将白天采纳得的阳光和温度，隔了层薄薄的衣衫，透彻肌肤，递至心怀，烘得手儿心儿暖暖——夜色与月光，却如水一般，在身边凉幽幽地淌。"天阶夜色凉如水，卧看牵牛织女星"是后来才知道的诗句，那时只晓得听河边洗澡、纳凉的妇人们闲聊农事、柴米油盐，对她们在纯白月光下、哗哗水流中若隐若现的玲珑身体充满好奇，艳羡不已。

七月七翻个小跟头就是八月中秋。"八月中秋不打粑，老虎要钅刂你家妈；八月十五遭偷瓜，不准诶声不准骂"，在大人们的默许甚至怂恿里，还是一帮小屁孩的我们爱趁着月明风高精心实施偷瓜计划，但遵规守纪绝不带回家。第一次和伙伴们去偷时，我们太贪心了，一个个鼓瞪眼睛在月色瓜地里揪出最大的，一路连抱带滚好不容易才带到隆老婆婆面前。隆老婆婆七十多岁了，因为和儿子媳妇处不好，索性一个人住在低矮破烂的瓦屋里，我放牛割草时经常偷闲去她那玩。孤僻古怪的老人特别高兴我们的到来，她那些缺胳膊少腿的锅碗勺盆们也热情地迎接了大南瓜，我们合作制造出一锅香得过分的南瓜稀饭。心里知道终究是偷盗，所以我们一直压低着声音讲话，不时你看我我看你，捂着嘴偷笑。因为对灰暗破烂背景下的南瓜味道太过深刻，每次回想那年中秋，嘴上心上总是清冽冽的甜。

当看老了日光和月光，忧烦于生活的平淡无奇，才知道古人创生了这样节那样节，是想让一目了然的日子过得凹凸写意；当略微了解苗人被诅咒似的深重苦难，却困惑于我们桃城的苗人祖先，何以能这般坚执不负"浪漫"的千古虚名。

蛤蟆爱人

桃城苗族人把"讲故事"称为"摆古"——把古老的东西一五一十摆出来，这其中意味琢磨起来，确比"讲故事"一词更具形象和概括性。阿妈年轻时是讲故事的能手，我成为近水楼台的幸福妹崽。

苗族史事，神仙鬼怪，孟姜女哭长城，梁山伯祝英台，阿方阿曼阿囊螺蛳姑娘……阿妈的讲述总让我们一个个听得神魂颠倒、物我两忘。惜恨自己记性不好，长大后大多退还阿妈，仅剩个别没溺毙在脑海的幸存者，犹自漾着芬芳，闪着波光。

试记个关于一只癞蛤蟆的老故事，用蹩脚的汉语简要意译阿妈当年吸人魂魄的苗语。

当时，阿妈盘腿坐在青草地，眼光扫过一张张可爱的小脸庞——"哦，很久很久以前啊……"阿妈每次都这样开讲，缓慢地拖一串长长的尾音。

有个老婆婆，亲人都死了，孤零零的特别可怜。一天，她上山砍柴，在井边看见有蛇要吃青蛙，就上前一石打跑蛇救下青蛙。喝了井水的老婆婆回家后肚子一天天大起来，后生下一个娃崽，一天会讲话，两天会走路，三天就到处跑了，就是个子矮小，走路一蹦一跳，完全是一只青蛙的模样。老婆婆蛮欢喜的，给他取名叫玳孤。过了几年，老婆婆更老了，没有拐杖都走不了路。玳孤让老婆婆去富甲一方的员外家提亲，娶员外家的漂亮女儿作媳妇来服侍她老人家。几经周折，玳孤完成了在员外看来一个蛙人根本无法做到的几大刁钻任务，虽然百般不情愿，但还是守信把女儿阿雅嫁给了玳孤。几年后，玳孤阿雅生下一子一女，都健康漂亮。一天，阿雅和姐妹们去赶边边场，回来告诉玳孤说，场上有个俊俏无比的后生，是自己从没看到过的美人，姑娘们争着把自己的荷包塞给他，但他一个都不收。阿黛滔滔不绝地摆谈，她没说那俊俏后生看向她的眼神是多么多情，只说不晓得哪个姑娘有福气嫁给这样的男子。玳孤说，哈，有什么稀奇，我也看到了，谁的荷包他都不收，却只向你索要绣花腰带，不过你没有，因为你早已送给我了，哈哈。

　　阿雅很奇怪，不知道自己的蛤蟆爱人什么时候跟去的，怎么在场似的一清二楚。

　　又一天，阿雅又和姐妹去赶边边场，同样，又遇到了那个俊俏无比的后生。他和她们一起跳舞、对歌、打花鼓，让每一个在场的小伙子都自愧不如而乖乖靠边站，每一个在场的姑娘都心旌摇荡。阿雅回来又兴奋地讲给玳孤听，玳孤说，哈，不稀奇，我也看到了，他还偷偷地掐了你的腰杆，不过我不生气，我的妻子本来就是人见人爱的。阿雅羞红了脸，心里更加纳闷。为了揭开谜底，阿雅再次告诉玳孤要去赶边边场，却在半路悄悄折回，偷偷看到玳孤在山洞里像脱衣裳般褪下蛙皮，阿雅惊呆了，半晌动弹不得。那天，仍是唱歌、跳舞、打花鼓，仍是那个俊俏的后生，阿雅却高兴得掉下眼泪。

　　边边场散后，玳孤回到洞里才发现自己的皮囊不见了，再三地向阿雅逼问、讨要，阿雅才承认是自己藏了起来。玳孤带着哭腔说，请你还给我吧，不然你就再也见不到我了！阿雅很开心，是啊，我再不想见到你丑陋的蛙样了！说完就把皮囊悄悄丢进灶中熊熊燃烧的火，不一会便灰飞烟灭。玎孤捧着灰泪流如雨下，说，阿雅，你和孩子们好自为之吧，请帮忙照顾好婆婆，没有蛙皮，我便得回去了。我原是天上的仙子，因为惹了罪过被贬成青蛙堕落凡尘，幸亏得阿婆相救才没葬身蛇腹。我赎罪之后便悄悄藏身蛙皮来报答阿婆，现在已显身，上天知道便要立即召我回去了。

　　蛤蟆王子的故事粗略地回忆完了，与格林童话的青蛙王子相比，我更喜欢阿妈的这个版本。格林童话的王子被诅咒成青蛙，获得真爱之吻而重生；苗族的仙子想报恩甘愿丑陋，却因爱人贪恋躯壳的愚蠢而离去。苗人的祖先多会编故事，经得住岁月的辗压，经得住人心的琢磨，古老魔幻，永远不老，兀自星子一般迷人。

边墙非墙

黑白色的影像语言传达一种黯淡、颓败和血腥的气息，在这里，城墙残颓，荒草匝地，天地被历史烟尘重重地遮蔽。

一座小寨的斜阳黄昏，阳光柔软，石头坚硬。一老一小，走得无声无息。

不知会走向何处的泥石小路，人语尘烟在这里晃荡，摇荡着无痕的时光，重复了岁岁年年。

一刻一画面，一瞬成永远。影像中的一老一小，就这样走出血色，走进时光。

是在烈日下，却找不到一点点阳光明媚、容光焕发的迹象。在风霜雨雪的浸沁中，这里是一天天地苍老下去了。只是如此的形销骨立，让人不得不神伤。

没有车水马龙，没有繁华市井，也没有恬静田园，甚至没有一点点活力和青春。有的只是坚硬而沉默的石头，和将离开人世或刚来到人世的人——苗疆边墙的腹地，是真的平静了。

过去的人们，现在的人们，他们都到哪里去了呢？久久无语，我站在

231

这幅影像面前。

我看见了无痕的秋水。

我看见了有疤的回忆。

我看见了千里苗疆的沧桑岁月。

我看见边墙已经不是墙,而是家,并有了,一季季叶落花开。它长刺,阳光的脚拇指被锥痛了,走得趔趄。

我看见的,是2010年冬天,桃城摄影人滕树勇先生以纪实的手法,在正大乡薅菜、地容、满家一带,用组诗般的镜头语言真实记录了历史上的"苗疆边墙"在21世纪的生存状态——现被权威专家认定的南方长城。曾经,统治者妄想凭借堡、碉、营、汛等,将数十万不服"王化"的"生苗"封锁、隔绝,最终活活困死在穷山恶水之间;如今,身处其腹地的人们的后代已多半自动离开,把父母儿女留在老家四处闯荡。

以上所述,是其中一张。

如此供奉

在寻找1934年秋天中国工农红军二、六军团会师地的路上，初初看见它的模样是：青松翠柏中露出的一小角雕刻有五角星的石碑。

我冲口而出，那是纪念碑吗？看起来怎么像朵小小的蘑菇。

同行中的武权老师以微笑回应我的孤陋寡闻，当时我没有细思那笑的含义。

我又说，这山坡上怎么只见有一块纪念碑，是叫纪念堂还是纪念塔？在这两个音在桃城方言中，发音很像。

对桃城党史了如指掌的武权老师笃定地告诉我：是纪念堂。

那是在会师前，红三军尖刀班从刀坝场到红石板，由雷洪元带领的十几名战士在红石板街后两公里处的一线天遭杨胜榜匪帮的伏击，五名战士不幸壮烈牺牲。后来，红石村人民悄悄地将他们的尸体掩埋。解放后，红石村的群众你一分我一角地筹建了这座纪念堂和纪念碑，堂里敬奉着红军战士塑像，四时祭奠。

登上山顶，果真是堂，瘦小的纪念堂。还有瘦小的纪念碑。

小小的纪念堂，用水泥砖修砌。里外都没有鲜花，没有题词，只有一两堆纸钱灰堆在堂外和碑旁,像睡着的黑蝴蝶。

没有事先联系红石村的人,进纪念堂的门紧闭着。左右两边各留有一方小窗,没有玻璃,竖着安了几根钢筋。一时好奇,便奋力攀着那几根钢筋趴在窗边往里瞅,匆忙中,瞥见堂里散乱地悬挂着一些幡布,木雕的红军塑像供在中间,菩萨塑像在侧边。

青山埋忠骨,何处祭袍衣。在这里牺牲的五个红军战士,他们再也回不去最初出发的地方,乡亲们不知道他们从哪个村寨来,也想不出他们将到哪个地方去,只怀着一腔怜爱也敬爱的心情,把最初的印象雕刻成一尊木质塑像,套上洗去血水的红军装,戴上钉有红五角星的帽子,拿上红缨大刀,和传说中救苦救难大慈大悲的菩萨们安放在一起,享受他们在过年过节时虔诚点燃的香火。

纪念堂旁边的纪念碑,被我比喻成蘑菇是太夸张了些,但确实不能与常见的纪念碑相比。碑身的一面写着:生的伟大死的光荣,一面写着:永垂不朽。

这样瘦小的纪念碑,谈不上巍峨雄伟,气势豪壮;这么瘦小的纪念堂,伸开双臂就可以把它抱在怀里。

质朴而深情的乡亲,竭尽他们最大的力量,修起了这样一座或许是中国土地上最小的纪念碑和纪念堂,把一些东西朴素地供奉着,一代又一代,地久天长。

斑马线上

桃城的前身理应是桃村，那时没有车水马龙，更不会有斑马线，没有风尘飞腾。所以偶尔看到的士车师傅极不耐烦地狂按喇叭，催促甚至喝斥不看红绿灯、不走斑马线的乡下老人，总不由默默说一声：

师傅们啊，真不能怨这些不晓得斑马线是什么东西的老人。

斑马线是什么呢？与斑马毫无关系的白色条纹，保护又禁锢着我们，我们在上面急匆匆地行走。我们在那里眼神交会过眼神，裙襟掠过裙襟。在那里，我们认为，我们可能安全地从此岸到达彼岸。

可是，真的安全吗？白色的斑马线上不乏惊心的碰撞，尖硬的工业碎片和虚弱的腥红血水混在一起流淌。当我们被迫悬于斑马线上，在既定时间和熙攘车辆各行其道的时候，我们什么时候觉得从容轻松过？即使顺利走过斑马线，对面的风景差不多和来的那边一样吧，到处都是灯红酒绿，都是危楼高墙。

实话实说，在斑马线走过，我很少看到微笑着行走的脸庞。红绿灯僵化了脚步，人们在绿灯开放的时候赶紧赶路，早已失去行走的自由和幸福。

确实如此，我不喜欢城市的斑马线，我喜欢没有斑马线的乡野。或者说，我喜欢漫步于山花盛开的阡陌。我希望和怀想，桃城有"桃城"的模样。

还好，不懂交规和不守交规的桃城人现基本上都还能从斑马线安然走过，是车流对人海无奈地宽容与理解，竟也成桃城的别样风情。

云落之地

林荫不深，小路不小，梧桐树上的枯叶已凋落得差不多，从照片上望去，彼时路上干净得一片落叶也无。如果不是人，打扫的人应该便是勤劳的风了。

这是云落之地，这是一条通向一个叫做云落屯公园的林荫道。

桃城城郊仅有的一个原生公园。

住在桃城的人都知道，云落屯公园是早些年衰落的，像一朵轻飘云彩竟莫名其妙地重重落地，但没有人去关注和关心，那里是否还有一些人事物在挣扎生存并谋图盛兴，像路两旁的梧桐树一样，等待春天来临，等待绿意繁盛它们的枝头。

照片若能随着林荫小道一直延伸，便可以看到上山的石阶。石阶在一处岔分为两条，公园向右，云落寺向左。据民间人语，云落屯某时变成了一个灯红酒绿之地，卡拉OK在夜里轰响，黄了腔调的歌声响彻山谷。后来不知怎么又人散屋寂，公园更显荒芜。民间的传说大多失据，道听途说，不免夸张或谬传。

云落屯下的云落寺香火较旺，晨钟暮鼓时而响起，初一、十五袅起的

237

香火氤氲着世相人心。云落寺下的"新农村"农家餐馆生意也还红火，院坝常常停满各色小车，以地上世俗的热闹反衬着云落屯上空的静寂。从某篇文章的标题引带想到这样一句话：佛门向左，公园向右。

云起云落，兴败盛衰，云落屯也在默默无闻地变迁着。很久没去那里了，春天已来临，也不知梧桐树们抽了多少新枝，发了多少新芽。当夜深月静，不知会否有一声木鱼一声钟随着月光漫到梧桐小径上来。

前娘后母

阿妈从小前娘后母,苦辣辛酸不可对人言;我因工作缘故从桃城迁到铜城,竟也如遭逢前娘后母,冷暖自知。

从未向人诉过我的寄人篱下之感,似乎城市的怀抱越大,温度越往下跌。对于出生地桃城,离开了,才深切感觉到自己是桃城人;不能常说苗语了,才越疼痛地明白自己是苗族人。

对于出生地桃城,我可以不假思索地说出一大串爱的理由:

她名字好听,松桃松桃,男人如松,女人如桃。

她极富血性,从古到今。

她的绝技滚龙好看,她的花鼓苗歌好听。

走在她的两个广场上,能亲近松江水,能听到孩子的笑声,能遇到亲切的熟人。

……

确实无法掩饰和否认我对桃城的想念,特别是独处时,才惊然,这种爱入心入骨,可怜我以前一直不知道它们的存在。

若问既然这么爱着,为什么当时却决定离开呢,只能自圆其说:人总

239

是等走到了下一个阶段,在总结上一个阶段的事情时,才知道很多事情都是自作自受。

又或者,要等到离开铜城之时,才会发现我对她的爱,同样入心入骨。

我们常说,我是哪里的人,你是哪里的人。

他是哪个的孩子,她身上流着哪个的精血。

我们是哪个民族的人,他们是哪个民族的人。

这边是哪个国家的人,那边是哪个国家的人。

在我们的概念里,我们总主动或被动地把我们人分成很多很多种,这些区别有时是无法逾越的鸿沟,有时是正反对立,有时是水火不容。

我们作茧自缚,我们自讨苦吃,我们自作自受。

我不明白的是,我为什么会有这些想法? 这个世界的人们为什么会有这些想法?

我们为什么不明白,不管前娘后母,都是与我们有缘的人;我们为什么不明白,我们都是人,一撇一捺支撑着的人,我们原本没有什么不同。剥去物质外衣,我们其实也是由躯壳和灵魂,大脑和四肢,骨肉和血液,眼耳鼻舌五脏六腑组装成的物质。

我们都只是在这个世上来一遭,然后都会离去。

暗香盈袖

春时，一粒粒玉米种子离开农家，离开农人粗厚温暖的手掌，亲近了雨水，亲近了土地；秋时，她们的子女离开了土地，回到了农家。

屋檐下的重逢，喜悦是巨大无声的，玉米们在获得松绑后，露出灿烂的金黄，一张张笑脸紧紧挨着，热闹得有点夸张。

农家的儿女们，在远方学校读书的，上山下田干活的，也都回来了。自行车停了，鞋脱了，抬来木桌聚在一起玩扑克。没有父亲的怒斥，没有母亲的唠叨，孩子们开开心心地游戏着。

玉米们在一旁静静地瞧着。

屋子里，没有大人，只有老人和孩子，像玉米们逃离了土地，走得熙熙攘攘，它们把生长自己的根和杆留在了土地上，任由它们被雨淋风藏。

从春天到冬天，农村里哪些东西在变，哪些东西还是老样子，玩闹中的孩子们不全知道，被累累串连在屋梁墙壁上的玉米棒们也不全知道。

还好，还没有人去楼空，还没有壁断垣残，老屋子虽然褶皱满面、白发苍苍，只要据有这些丰收的喜人景象，就可以和风霜负隅顽抗一阵。此刻，有珍贵的笑声在荡漾，有庸常的光和光，在灰暗中碰撞。

风，穿堂而过，盈一袖暗香。

241

既钓也鱼

"闲来垂钓碧溪上。"

桃城多有名不见经传的小河,青石、碧树、清溪相依相伴。徐来的清风,在水面拂荡起一层亮白色的涟漪。日光干干净净,流水也干干净净,老少渔者古铜色的肌肤是阳光馈赠的礼物。

有时会有翠鸟掠过,并飘落下翠绿的羽翅一翎。

少时读书,曾迷惑于老师讲解的"钓胜于鱼",而后景仰有如此心境之人。

现在想想,不过是一个美丽的句子。

"钓"与"鱼"的快乐,"鱼"的快乐更容易看见和体会到。

喧闹尘世,有多少人能跟一条河作天长地久无获的守望?又有多少人能真正什么都不为?即使是真正"钓胜于鱼"的渔者,他的"为"也只是较清高、不那么世俗化而已。

当然,如今"钓胜于鱼"在很多人心里应只是一个关于思想哲学的句子了。城市人在拥有所谓的盛世繁华后,便大多只能对那一派钟灵毓秀的山水怅怅地遥望了。

想来，喜欢亦钓亦鱼的桃城人，不喜欢故作高姿态来拒绝世俗的快乐。蓝天碧水间，让心静坐，静候大自然美景的奇妙光影到达内心，然后与其对话。风和日丽，悬一竿一线于青山绿水间，此间真意，就让他人艳羡吧。

落花成径

那是真的。

我站在了那里，我下意识地揉搓眼睛，辨析是事实还是梦境。

一条铺满各色花瓣的路途乖顺地在我眼前蜿蜒，我听到花的絮语、树的心事，竹也在诉说它们的阴晴圆缺。天空不寂寞，落英不寂寥。

花香是内敛的，树影是缄默的，竹在做着它们翠绿色的梦。

我不止一次地想：这是哪里，是陶渊明先生抵达桃花源之前的入口吗？

我的面前落花成径，色彩柔和而细腻。阳光融在淡绿色的空气里，像苹果的汁液漾在乳白的牛奶中，像透过一片嫩荷叶看晴空；树身暗褐色，再细看，褐色中又有深蓝，有灰，有紫，比如获得阳光多些的枝丫就是淡淡的青灰色；虽是凋落的花，颜色却是最亮丽的，被树与竹簇着拥着，像娇柔的小公主。

身边一切有一层层薄薄的烟笼着，但可以肯定绝对不是炊烟或其他名字的烟。我静静地站着，站着，那条路途亲近而又遥远。我每揉搓一次眼睛，总会看到有那么些叫不出名字的花瓣，在我身前身后鸟羽一样柔和滑落。

244

逆倒生长

在中国西南武陵山的皱褶里找到一个叫龙塘的苗寨子，再在寨边找到一棵古枫，那儿的老人会给你摆这样一个龙门阵：

某年某月某日，这棵枫木树的树枝垂到了地面，有人在龙塘村某山上砍柴，看见一匹白马，赶紧回村邀人来围抓，当村里的人赶到，白马已无影无踪，只看见山上的野草成片倒下。第二天，村里某家媳妇生下一匹小白马，主人认为是邪魔鬼怪，赶紧把它扔进粪坑溺死了。紧接着该产妇又生下一个男婴，该男婴一下地就问他母亲："我的白马到哪里去了？"母亲如实相告，男婴当即气绝而亡。

你若继续追问，便会知道，从这个寨子走出的一个与这棵古木有关的人，如今伫立在桃城一个以英雄之名命名的广场中央，那有他石化的模样，仰首向西，目光凄傲，有孩童般纯净的迷茫。

历史记住了他的名字，当时对苗族从来吝啬的史书，破例录入了他短暂如烟火却气壮河山的一生：

龙许保，？—1552年。

历史偶尔也会有意或无意地装糊涂。他原名龙西波，却因语音差异被译作"龙许保"，所以，外人都知"龙许保"被贯以"苗贼"之罪录入史册，亲人却只知他们的"龙西波"某年某月某日离开龙塘，从此再没归家。

清风若识字，将为你把史卷翻至明朝嘉靖十八年。那一页，关于腊尔山地区的天灾的记载仅仅"特大旱灾"四字，无数悲怆和苦难都被深藏；那一页，关于人祸的文字，也仅仅"不以悯恤，反而横征暴敛"，寥寥数语。在这块蛮荒之地，历朝历代的中央王朝总是动辄兴师动众发起一场接一场惨无人道的征剿和屠杀。也即是这样的因，导引了嘉靖十九年的果：龙塘的龙许保、新寨的吴黑苗在新寨称"王"，树起战旗，迫使明王朝再度调集贵州、湖广、四川号称兴师十万明军进行"平苗"。起义军"据城防守、潜伏林箐、昼伏夜行"，破思州府、据印江县、陷石阡府、攻平头、战黄蜡、击铜仁、破省溪、取施溪、夺万山、入麻阳、围凤凰、逼永绥等等，与明军血战13年之久。

这13年中，明军总督张岳被停职降薪，戴罪督征，哀叹"……残党窜伏，敢潜入于僻郡，致祸于生灵，臣之罪独多诸臣者。……"都御史万镗奏折："苗贼巢穴猩猱、所居悬崖，鸟道莫可攀跻，且竹箐丛生，弥望无际，贼从内视外则明，每以伏弩得志，我从外视则暗，虽有长技莫施"；贵州"日费千金、入不敷出、官无俸薪"，明廷震惊，寝食难安。

史料还这样记载，戴罪督征的张岳哀叹无可奈何之际，石邦宪献计："兴师十万，日费千金，某谓以夷攻夷者，便以一日费而抚其顺者为心腹，以一日费而偿其顺者以诛叛不一年而贼可平"。张岳在绝望中采纳了石邦宪的毒计，"于是捐帑，招来吴来格等内附"，麻顺等并"为明军向导"。对投顺的熟苗，行"厚犒赏"，引诱其他"来效"。在封官给赏的引诱之下，"顺苗麻得盘、吴老革、吴旦逞等接受重示悬赏，"深入苗寨。诱骗龙许保到伊亲田坪寨吴柳苟家吊丧，于是麻得盘伴为龙许保求吴旦逞之女为妻，吴旦逞也伴为应允，邀其至家，设宴款待，及至龙许保痛饮深醉，即将其与随从龙重阳擒住。苗族义军闻讯，立即从龙塘、鬼堤、都库、骂劳等地奔赴抢救,虽殊死搏斗,却未能营救。

嘉靖三十年八月初七,龙许保被解往沅州,"枭首示众"。

历史是由杀死英雄的人编写的。

龙许保的历史,龙许保的父母亲人族人可能从未有机会读阅过。

千百年来,这片土地上的英雄大多都是这样不可避免地如日西陨。更可怜的,是从此哀鸿遍野,血流成河,被牵连的数万苗人继续向西流迁……

传说,仅仅是传说。战乱中,有族人冒死将英雄的遗物带回龙塘,埋回生养了他的土地,然后在其冢边倒插了一根枫木的枝条。族人们想,如这棵逆倒栽下的枫木还能存活生长,便是天佑苍生;假若他日枫树的枝桠能垂到地上,便是天地神灵召唤英雄重生!

物有荣枯,人有存灭,成败最终以墓为邸。

我愿天下祥和,再不需要西波这样的英雄好汉。

后　记

　　曾在一个记事本上写道:"爱上了,弃不下,那就美好地守着吧。"当时观照内心,明白有些东西纵如鸡肋,也是生命中不可或缺的温暖。

　　2013年春,收到《民族文学》的第一份用稿通知,紧张激动地写下这样的创作感言:"一直觉得自己像个孩子,对文学也是孩子般的爱:本能地寻靠,纯澈地贪恋。当我作为句芒云路站在本民族的土地上,我才知道自己不孤单,我的头上有光亮在照抚。"

　　得麻勇斌老师封赠的"句芒云路",初见便喜欢到无极。我从未向他讨要过它的含义,不是不想知道,是怕太快知道。像在一个火树银花的元宵夜,我愿穷尽心智对一个个玄幻谜面慢慢作自以为是的推测、假设、想象,实在害怕揭穿了谜底就到了席终人散时分;也像一段超然而美丽的旅程,不想太快到达,总想尽量拖延、再拖延,贪图途中那点对我来说珍贵无比的快乐。

　　"四月八节,是苗族亚鲁王不幸倒下举族痛哭的日子,是英雄节,是你的名字的真义。我在苗王城,化雨为泪无人知晓,转载入你的文本,以砺意志。"这是麻老师在2013年四月八那天发给我的短信,第一次向我透露"句芒云路"的局部含义。2014年1月5日深夜,打开安静来到我QQ邮箱里的序,捧着手机一遍遍读,直到脸颊微凉才惊觉自己落泪了。

　　终于明白,为什么"句芒云路"能给我一些光的东西,为什么我一见便钟情。一个不是父母的人赠予我这个名字,取得那么良苦,那么用心,竟与我的生日、本名、族源、出生地打结相连，完完全全是一句特意为我创制的神圣秘密的咒语。

让老师欢喜忧虑的我的文集，何尝不是让我欢欣让我悲泣的文集。

把多年的文字结集，像一个女子终于决定在世上生育一个孩子，也像一位母亲把宝贝女儿嫁出，多少苦痛隐藏在十月怀胎中独自惶恐经历，多少欢欣在为女儿梳妆打扮时黯然铭记。我希望"他"是一个人人宠爱的孩子，我希望"她"是环佩声处的娇俏容颜。这都是些极其渺小幽微的初衷，写下它们时我确实没有去想应该担负什么"责任"，也不知道如何担负。我只是一次次随应灵魂所感，出发，向前跑，去拥抱温暖，照亮自己。

平静地观察我所在的这个时代的人世，它够美；也存在丑。我用爱来写美，不无自欺地想：读者能跟着一起美自然好，不喜欢也没办法，我自穿我的苗绣银衣，活在我为自己搭建的吊脚木楼。就像这样场景：我在屋檐下等你，你来了，我迎你避雨，在我的屋檐下，你不用低头；你向我告辞，我会目送你远去。

于是，自觉不自觉，总爱把那些清澈的、微温的、有色彩的文字堆砌在一起，缔造我所感受到的天地表情、山水流光、日子色泽……还有时光在心上投下的幻影。似乎只有这样，才可以暂且脱离烦扰现实，把生活移放到别处，获得一种自由的愉快，享受那一刹那的疯癫与傻冒。

常有些朋友说我的文字太虚飘，不接地气，我知道他们都是出于为我好，才真诚地对我说这些正确的实话，但我在谦虚接受的同时内心却有个小小的声音在自言自语：为什么一定要现实？身边那么多那么近的现实，一辈子那么宽那么长的现实，难道还过不够看不够？为什么一定要揭露丑恶才显深刻？为什么描述美就是虚情假意？如果我们的身和心是那么迫切的需要。

我是先把心洗净了才来写这些文字。我有意无意地在捍卫一种纯粹，心无旁骛。其实我偶尔也惘然，不知道值不值得这样，应不应该这样。只有一点是肯定的，我不这样做，我的文字就无所适从，我就一无是处。

一直铭记一个关于菜刀和宝剑的话题。那是与麻老师第一次见面，近距离摆谈。我们所坐的位置，与广场中心抗美援朝苗族英雄龙世昌塑像遥遥相对。当时他说菜刀和宝剑都是铁，看铸的人怎么铸，用的人怎么用。现才明白，麻老师封赠"句芒云路"于我，竟就是把宝剑赠送给我，或试图把我铸成一柄剑。柔弱蠢笨的今天之我，不能窥见和决定未来之我，当下，我确实愿意开始蕴份野心，尽最大努力，不辜负他的及一些我知道或不知道的人们的等待和期待。我也愿意相信，我是为此而生。

麻老师在序言中录了一支苗歌，但不作解释，想来应不再是"天机不可泄露"，而是有些东西确实只能意会不能言传。识得这湘西东部苗文的，自能各作体悟。我这不会苗歌实在没什么出息的龙氏苗裔，在此写些断行文字，相和并感谢——

无名骸骨的废墟，总有春草冲杀突围
我将在这里，重见叱咤风云的幻影
失落千年的巫词，现于迁徙时宿过的山洞
那时头上凤鸣唧唧的我啊
张开怀抱跑向云朵，那是祖先遗落的白发
我在雷鸣电闪中蹈风起舞
收受你封赠的阴兵神将千军万马

唉，回想这些年一路写来，虽常被"苦其心智，劳其筋骨"，但总是愚钝拘泥，步履蹒跚，真是惭愧。感谢所有给过我能量的人们，你们的喜欢是我一直的喜欢。

龙凤碧
2016年·铜仁

251